W0254603

PATHOLOGIE DER HALSLYMPHKNOTEN

PATHOLOGIE DER HALSLYMPHKNOTEN

EIN ABRISS FÜR PATHOLOGEN, KLINIKER UND PRAKTIZIERENDE ÄRZTE

VON

KARL LENNERT

DR. MED., O. PROF.

DIREKTOR DES PATHOLOGISCHEN INSTITUTES DER UNIVERSITÄT KIEL

MIT 66 ABBILDUNGEN

SPRINGER-VERLAG

BERLIN · GÖTTINGEN · HEIDELBERG

1964

ISBN-13:978-3-540-07807-4 e-ISBN-13:978-3-642-95286-9
DOI: 10.1007/978-3-642-95286-9

Softcover reprint of the hardcover 1st edition 1964

Library of Congress Catalog Card Number 64-25249

Titel-Nr. 1244

Druck: Wiesbadener Graphische Betriebe GmbH

Vorwort

Das für die Deutsche Otologen-Tagung 1963 erstattete Referat über die Pathologie der Halslymphknoten ist so freundlich aufgenommen worden, daß ich mich dem Wunsch nach einer — leicht redigierten — Veröffentlichung für einen breiteren Leserkreis nicht entziehen möchte. Ich werde darin bestärkt durch zwei Tatsachen. Erstens: Es gibt derzeit keine monographische Darstellung der gesamten Lymphknotenpathologie und auch nicht der Pathologie der Halslymphknoten. So kann der gebotene skizzenhafte Abriß diese Lücke wenigstens provisorisch schließen. Zweitens: Ich bin noch den Teil B meines Beitrages im Handbuch der speziellen pathologischen Anatomie schuldig. Durch die Bewegtheit der letzten Jahre fand ich nicht die Muße, das begonnene Werk abzuschließen. So soll das vorliegende Büchlein die für die Praxis wichtigsten Tatsachen vorweg bringen.

Freilich gibt es auch ein gewichtiges Argument gegen die Veröffentlichung dieses Abrisses: In der pathologischen Histologie der malignen Lymphknotenerkrankungen sind noch viele Lücken, die eine systematische Darstellung verfrüht erscheinen lassen. Dies gilt z. B. für das großfollikuläre Lymphoblastom (Brill-Symmers) oder die Reticulosen. Ich habe trotz dieser Bedenken der Veröffentlichung zugestimmt, weil das Ende auf dem Wege der morphologischen Erforschung der malignen lymphoretikulären Neubildungen noch nicht abzusehen ist und weil der Alltag des Pathologen und vielleicht auch des Klinikers einen Zwischenbericht geradezu fordert.

Vielleicht kann dieser Versuch aber noch mehr sein als eine Bestandsaufnahme: Möchte er dazu dienen, daß sich Kliniker und Morphologen enger zusammenschließen und Seite an Seite den noch offenen Fragen zu Leibe rücken.

Abbildungen sind nirgendwo wichtiger als in der hämatologisch-histologischen Diagnostik. Die hervorragende Wiedergabe der Mikrophotographien ist dem Springer-Verlag daher besonders zu danken, ganz zu schweigen von der sorgfältigen Gesamtausstattung des Büchleins.

Kiel, Juni 1964 — Karl Lennert

Inhaltsverzeichnis

Praktisch-technische Vorbemerkungen

I. Histologische Technik

Die erste wichtige Voraussetzung für eine gute Lymphknotendiagnostik ist die einwandfreie histologische Technik.

Die Gewinnung eines guten histologischen Präparates beginnt schon bei der Lymphknotenexstirpation. Eine Quetschung des Lymphknotens ist hierbei möglichst zu vermeiden. Die Fixierung sollte *sofort* angeschlossen werden. 1:9 verdünntes Formalin genügt für die übliche Routinediagnostik ohne weiteres, es muß nur in genügender Menge zugegeben werden. Bei großen Lymphknotentumoren empfiehlt es sich, die Präparate frisch durchzuschneiden, damit auch das Zentrum der Tumoren rechtzeitig und ausreichend fixiert wird.

Im histologischen Laboratorium erfolgt dann möglichst *immer* die sorgfältige Einbettung in Paraffin. Diese kann auch im Autotechnikon geschehen, sofern man Reihenfolge und Einwirkungsdauer der einzelnen Flüssigkeiten richtig wählt. Auf *vollkommene* Entwässerung ist hierbei größter Wert zu legen.

Der fertige histologische Schnitt sollte nicht nur bei der gebräuchlichen Hämatoxylin-Eosin-Färbung, sondern vor allem bei *Giemsa-Färbung* betrachtet werden. Ich werde nicht müde darauf hinzuweisen, daß die Hämatoxylin-Eosin-Färbung für eine gute Lymphknotendiagnostik nicht ausreicht, so daß man gewisse Diagnosen, auch bei größter Erfahrung, im Hämatoxylin-Eosin-Präparat überhaupt nicht stellen kann. Zwei Eigenschaften sind es, welche die Giemsa-Färbung des Schnittes so wertvoll machen: (1) Basophilie und Oxyphilie der Zellen treten viel deutlicher hervor. (2) Auch metachromatische Substanzen, speziell saure Mucopolysaccharide, stellen sich dar. Sie sind im Hämatoxylin-Eosin-Schnitt nicht zu identifizieren. Hierzu einige Beispiele: Die Basophilie der Zellen tritt besonders bei den Germinoblasten der Keimzentren, bei den Plasmazellvorstufen und bei den Sternbergschen Riesenzellen als wichtiges Erkennungsmerkmal in Erscheinung. Die Oxyphilie der Zellen wird an Epitheloidzellen und eosinophilen Granulocyten deutlich. Die metachromatische Färbbarkeit der Mastzellengranula und der sauren Mucopolysaccharide in der Lymphknotenkapsel ist zum Teil von erheblichem diagnostischem Wert.

Die nächstwichtige Methode ist die Versilberung der Gitterfasern, die man heute im allgemeinen nach GOMORI durchführt. In Deutschland wurde in den letzten Jahrzehnten die Versilberung überschätzt. Ihre Bedeutung liegt vor allem in der Erkennung des großfollikulären Lymphoblastoms (Brill-Symmers) und in der Differentialdiagnose zwischen Reticulosarkom und Lymphosarkom einerseits und epithelialen Geschwülsten andererseits. Immer hat das Faserbild nur unterstützenden Charakter, entscheidend für die Diagnose muß das Zellbild bleiben.

Auch histochemische Methoden haben wir reichlich auf den Lymphknoten angewandt (Lennert, Löffler u. Leder 1963). Am ergiebigsten waren hierbei die Versuche auf dem Gebiet der Fermenthistochemie. Es gelingt mit verschiedenen Hydrolasen gewisse Lymphknotenstrukturen elektiv darzustellen und aus dem Lymphknotenschnitt herauszuheben. Vor allem dient die Adenosintriphosphatasereaktion dazu, ein gutes Übersichtsbild des Lymphknotens zu gewinnen. Mit alkalischer Phosphatasereaktion kann man die Arteriolen und Capillaren gleichsam markieren. Unspezifische Esterase und saure Phosphatase sind reichlich vorhanden in den großen Reticulumzellen der Sinus und der Pulpa. Der Nachweis der α-Naphthyl-Chlor-Acetat-Esterase gestattet eine einwandfreie Identifizierung von neutrophilen Granulocyten und ihren Vorstufen sowie von Gewebsmastzellen (Leder 1964). Für die Lymphknotendiagnostik haben sich bisher vor allem die Nachweise der unspezifischen und der α-Naphthyl-Chlor-Acetat-Esterase bewährt. Mit der unspezifischen Esterase-Reaktion gewinnt man erstmals eine sichere Abgrenzung der echten Monocytenleukämie, mit der α-Naphthyl-Chlor-Acetat-Esterase-Reaktion lassen sich unreife myeloische Zellen — auch im Paraffinschnitt — sicher identifizieren.

II. Die Praescalenus-Biopsie nach Daniels

Die Venenwinkellymphknoten (omoclaviculäre Gruppe der supraclaviculären Lymphknoten, Praescalenuslymphknoten) sind bereits seit Morgagni, Virchow u. Troisier als häufige Absiedlungsorte von abdominellen Carcinomen, speziell von Magencarcinomen bekannt und werden bei Carcinombefall als Virchowsche oder Troisiersche Drüsen bezeichnet. Auch bei der Lungentuberkulose wurde diese Lymphknotengruppe schon frühzeitig beachtet (Beitzke 1906; Ghon u. Pototschnig 1919; Ghon, Kudlich u. Schmiedl 1926) und ihre häufige Mitbeteiligung bei der „endogenen lymphoglandulären Reinfektion" mitgeteilt (Anders 1928). Aber erst der Vorschlag von Daniels 1949, diese Lymphknoten bei unklaren Hilusverbreiterungen zu excidieren, hat ihre praktische Bedeutung in den Vordergrund gerückt. Hierfür hat Sträuli zusammen mit Brunner u. Ludwig das pathologisch-anatomische Verständnis ermöglicht, indem er zeigen konnte, daß die Venenwinkellymphknoten zumeist orthograd, zum kleineren Teil auch retrograd von der gesamten Lymphe des Körpers durchströmt werden bzw. durchströmt werden können. Sie liegen nahe der Einmündungsstelle der beiden großen Lymphgänge (Ductus thoracicus und Ductus lymphaceus dexter). Die linksseitigen Venenwinkellymphknoten werden dementsprechend erreicht von der Lymphe der unteren Körperhälfte einschließlich des Bauchraumes, des linken Lungenoberlappens, der linken Thoraxwand, des linken Armes sowie des linken Kopf- und Halsbereiches. Die rechtsseitigen Lymphknoten erhalten Lymphe von der rechten Lunge, dem linken Lungenunterlappen, der rechten Thoraxseite, des rechten Armes sowie des rechten Kopf- und Halsbereiches. Daraus geht hervor, daß die linken Venenwinkellymphknoten bei abdominellen Carcinomen stark bevorzugt befallen werden, während die rechten Venenwinkellymphknoten bei pulmonalen Prozessen häufiger Metastasen aufweisen.

Die Bedeutung der Danielsschen Biopsie wurde von Forschbach (1962) und W. Becker (1963) jüngst unterstrichen (frühere Literatur siehe bei Lennert 1961a). Sie läßt vor allem bei ätiologisch unklaren Verbreiterungen des Lungenhilus oft eine Diagnose zu. Dies gilt ganz besonders für die Sarkoidose, aber auch für Bronchialcarcinom, Lymphogranulomatose, Tuberkulose, Silikose und andere Erkrankungen. Dabei ist es gleichgültig, ob die Lymphknoten makroskopisch befallen erscheinen oder nicht. Man excidiert in jedem Falle das Fettgewebe des Trigonum omoclaviculare en bloc zusammen mit den darin liegenden Lymphknoten und ist dann als Pathologe gelegentlich überrascht, spezifische Veränderungen in Fettgewebe oder Gefäßen (siehe Abb. 17 und 60) zu finden, selbst wenn die untersuchten Lymphknoten frei von solchen Veränderungen sind. Und wer sich für die Morphologie des braunen Fettgewebes interessiert, kann hier — auch beim Erwachsenen — diese besondere Fettgewebsart gut studieren.

III. Bedeutung der Lymphknotenpunktion

Die Lymphknotenpunktion mit anschließender Untersuchung des Ausstrichpräparates ist eine da und dort gepflogene diagnostische Methode, deren Wert von verschiedenen Seiten ungleich eingeschätzt wird. Wir haben uns zusammen mit Merényi dieser Methode bedient und die Möglichkeiten und Grenzen der rein cytologischen Lymphknotendiagnostik, auch an Tupfpräparaten, zu erarbeiten versucht. Unsere Ergebnisse sind in Einzelheiten an anderer Stelle (Lennert 1961a) dargestellt. Hier soll nur über die Nutzanwendung unserer Erfahrungen kurz gesprochen werden.

Die Lymphknotenpunktion ist zwar eine gefahrlose, schonende, schnell auszuführende und auszuwertende Methode, sie sollte jedoch — wenn man sie schon anwenden will — nach Möglichkeit von einer Probeexcision gefolgt sein. Dies kann ausnahmsweise bei „todsicheren" Diagnosen unterbleiben. So gelingt es, viele Lymphogranulomatosen relativ leicht und verläßlich in dem Punktat zu erkennen. Aber es gibt auch Lymphogranulomatosen, die dem Punktatuntersucher u. a. deshalb entgehen, weil die Veränderung noch umschrieben ist und dann oft nicht von der Punktionsnadel getroffen wird. Die gleiche Gefahr, herdförmige Läsionen zu übersehen, begegnet uns bei Tuberkulosen, Carcinommetastasen und vielen anderen Lymphknotenerkrankungen. Bei Metastasen stehen wir außerdem vor der Schwierigkeit, die Natur des Tumors an der Einzelzelle meist nicht ablesen zu können, weshalb dann doch noch die histologische Untersuchung erforderlich ist. Nur sie läßt in der Regel eine Artdiagnose der Geschwulst und damit einen gewissen Rückschluß auf den vermutlichen Primärsitz des Tumors zu. Eine Reihe weiterer Bedenken könnte gegen die ausschließliche Untersuchung von Lymphknotenpunktaten angeführt werden. Wir verzichten darauf und präzisieren unseren Standpunkt zu Lymphknotenpunktion und Schnittuntersuchung wie folgt:

Wir sehen die Lymphknotenpunktion als eine wertvolle Methode der cytologischen Forschung an, diagnostisch kann sie in den meisten Fällen nur orientierenden Charakter haben. Demgegenüber leisten die Schnittuntersuchungen wohl cytologisch etwas weniger — man kann diesen Mangel durch subtile Technik und Giemsa-Färbung weitgehend wettmachen! —, doch ist das histologische Präparat *diagnostisch* dem Ausstrich *immer gleichwertig, meist* sogar *überlegen.* Wenn man die schwierige cytologische Beurteilung des Lymphknotenausstriches beherrscht, kann man die Schnittuntersuchung ergänzen durch die Betrachtung von Tupfpräparaten, die leicht von dem Excisat anzufertigen sind. Man wird aus den Tupfpräparaten zuverlässigere Diagnosen stellen als aus Lymphknotenpunktaten, weil man eine viel größere Fläche übersieht.

Statistische Erhebungen

Um einen Überblick darüber zu erhalten, welche Lymphknotenerkrankungen zur Zeit und in unserem Land häufig und welche selten sind, haben wir die Halslymphknoten, die 1960—1962 im Pathologischen Institut Heidelberg von mir untersucht wurden, zusammengestellt[1]. Um die Häufigkeit der einzelnen Lymphknotenaffektionen im Krankengut des HNO-Arztes abschätzen zu können, führen wir die von Hals-, Nasen-, Ohrenärzten und -Kliniken eingesandten Lymphknoten getrennt auf. Die Gesamtzahl der untersuchten Biopsien beträgt 770, darunter befinden sich 297 Fälle = 38,75% von Hals-, Nasen-, Ohrenärzten.

[1] Dabei war mir Herr Dr. STUTTE behilflich, wofür ich ihm sehr danke. Der genaue Zeitraum, der statistisch ausgewertet wurde, liegt zwischen dem 1. 5. 1960 und dem 15. 7. 1962.

Wie aus Tab. 1 ersichtlich ist, sind knapp zwei Drittel der Halslymphknotenschwellungen entzündlicher bzw. reaktiver Natur, während gut ein Drittel maligne Prozesse darstellt. Unspezifische und tuberkulöse

Tabelle 1. *Übersicht über 770 Halslymphknoten-Biopsien der Jahre 1960—1962 aus dem Pathologischen Institut Heidelberg*

Dazu wären noch 6 Fälle zu zählen, deren Diagnose nur mit Wahrscheinlichkeit zu stellen war

Diagnosen	Fälle von HNO-Ärzten %		Fälle von übrigen Einsendern %		Gesamtzahl der Fälle %	
Unspezifische Lymphadenitis und reaktive Hyperplasie	37,3		24,7		29,8	
Banale eitrige Lymphadenitis	1,66		0,63		1,04	
Katzenkratzkrankheit	0,34		—		0,13	
Tuberkulose	15,3		35,55		27,55	
Sarkoidose	0,66		1,9		1,41	
Epitheloidzell. Tbc oder Sarkoidose	—		0,63		0,39	
Toxoplasmose (PIRINGER)	3,34		2,75		2,97	
M. Pfeiffer	—		0,42		0,26	
Röteln	—		0,21		0,13	
Lymphadenitiden, Gesamtzahl	58,6		66,8		63,67	
Lymphogranulomatose (klassisch)	4,0		9,8		7,53	
Paragranulom	—		0,21		0,13	
Hodgkin-Sarkom	—		0,42		0,26	
Mycosis fungoides	—		0,21		0,13	
Großfoll. Lymphoblastom (BRILL-SYMMERS)	—		0,42		0,26	
Lymphosarkom	1,1	1,8	1,28	2,77	1,17	2,34
Lymphadenose	0,7		1,49		1,17	
Reticulosarkom	2,8	2,8	3,62	3,83	3,25	3,38
Reticulose	—		0,21		0,13	
Maligne Neubildungen des blutbildenden Gewebes, Gesamtzahl	8,6		17,6		14,03	
Tumormetastasen	32,8		15,6		22,3	

Lymphadenitiden kommen in unserem Einzugsgebiet etwa gleich häufig vor (29,8 bzw. 27,55%). Bei den Hals-, Nasen-, Ohrenärzten sind die Tuberkulosen jedoch nur weniger als halb so oft vertreten wie unspezifische Lymphadenitiden. Sarkoidosen wurden in unserem Untersuchungsgut des erwähnten Zeitraumes nur selten diagnostiziert (1,41%). Bei häufigerer Durchführung der Prae-Scalenus-Biopsie (DANIELS) würde diese Zahl vermutlich höher sein. Einige Male war auf Grund des Fehlens klinischer Daten eine Differenzierung von Sarkoidose und epitheloidzelliger Tuberkulose nicht möglich. Die Toxoplasmose folgt in weitem Abstand auf die Tuberkulose, sie macht durchschnittlich etwa 3% der zugesandten Lymphknoten aus. Selten scheint heute die Katzenkratzkrankheit zu sein. Auch bei Pfeifferschem Drüsenfieber oder Röteln werden nur selten Lymphknoten exstirpiert.

Unter den malignen Lymphknotenerkrankungen stehen die Tumormetastasen an der Spitze (22,3%). Sie betragen bei den HNO-Einsendungen über das Doppelte der übrigen Einsendungen (32,8 gegen 15,6%). Unter den malignen Prozessen des blutbildenden Gewebes kommt die Lymphogranulomatose am häufigsten vor (7,53%), gefolgt vom Reticulosarkom einschließlich Reticulose (3,38%) und dem Lymphosarkom einschließlich lymphatischer Leukämie (2,34%). Paragranulom, Hodgkin-Sarkom, Mycosis fungoides und großfollikuläres Lymphoblastom (BRILL-SYMMERS) wurden nur selten diagnostiziert.

Die angeführten Zahlen sind selbstverständlich nur ganz grobe Anhaltspunkte; denn sie hängen von vielen Zufälligkeiten, z. B. von der Zusammensetzung und der Operationsfreudigkeit der Einsender, ab. Sie erlauben jedoch gewisse Hinweise auf die ungefähre derzeitige Häufigkeit der einzelnen Halslymphknoten-Erkrankungen.

Makroskopisches Bild der einzelnen Lymphknotenerkrankungen

Die makroskopische Diagnostik spielt im Bereich der Lymphknotenpathologie nur eine bescheidene Rolle. Da sie jedoch für den Operateur gewisse Hinweise gibt, soll sie nicht übergangen, sondern kurz zusammenfassend dargestellt werden.

Die *Größe* eines Lymphknotens läßt weder auf Gut- oder Bösartigkeit noch auf Spezifität oder Unspezifität mit einiger Sicherheit schließen. Lediglich das Extrem nach oben — die hochgradige Vergrößerung (auf 5 cm und mehr) — läßt mit Wahrscheinlichkeit ein malignes Geschehen (Lymphogranulomatose, lymphoretikuläre Sarkome, Carcinommetastasen) erwarten, wenngleich auch bei entzündlichen Vorgängen, z. B. bei chronischen epitheloidzelligen Tuberkulosen, erstaunliche Durchmesser erreicht werden können.

Die Beteiligung und Überschreitung der *Lymphknotenkapsel* bestimmen den makroskopischen Eindruck, ob die Lymphknoten voneinander getrennt oder miteinander verbacken sind. Bei vielen Lymphadenitiden bleiben die Lymphknoten frei beweglich, allenfalls stehen zwei oder wenige Lymphknoten in fester oder lösbarer Verbindung. Lymphknotenkonglomerate findet man vor allem bei malignen Affektionen, besonders bei Lymphogranulomatose, lymphoretikulären Sarkomen, auch bei

Carcinommetastasen. Paragranulome, großfollikuläre Lymphoblastome und lymphatische Leukämien lassen die einzelnen Lymphknoten meist gut voneinander abgrenzen.

Die mittelfeste *Konsistenz* des normalen Lymphknotens wird bei zahlreichen Lymphknotenerkrankungen beibehalten; d. h. der Gehalt an Gitter- und kollagenen Fasern entspricht grob dem des normalen Lymphknotens. Die Konsistenz ist weicher bei akuten Lymphadenitiden (mit Exsudat und Zellvermehrung), bei einem Teil der chronischen unspezifischen und spezifischen Lymphadenitiden, bei lymphatischer Leukämie und Lymphosarkom, großfollikulärem Lymphoblastom und faserarmem Reticulosarkom, bei Metastasen kleinzelliger Bronchialcarcinome usw.

Zu einer Einschmelzung des lymphknoteneigenen oder des neugebildeten Gewebes kommt es vor allem bei der eitrigen abscedierenden Lymphadenitis, bei der reticulocytären abscedierenden Lymphadenitis (Katzenkratzkrankheit u. a.), der mischinfizierten oder erweichten Tuberkulose und bei Metastasen von Plattenepithelcarcinomen. Bei diesen können große Epithelkomplexe nekrotisch und verflüssigt werden, so daß cystenartige Räume mit „Krebsmilch" entstehen.

Demgegenüber ist die Konsistenz vermehrt bei chronischen, zur Vernarbung führenden Lymphadenitiden, besonders bei chronischer epitheloidzelliger Tuberkulose und Sarkoidose, bei Lymphogranulomatose und bei manchen Carcinommetastasen. Hierbei bestimmen Stromagehalt und Differenzierung der Geschwulst (Verhornung!) den Grad der Verhärtung. So fühlen sich verhornende Plattenepithelcarcinome im allgemeinen fester an als medulläre undifferenzierte Carcinome drüsenepithelialer Herkunft.

Die *Schnittfläche* ist normalerweise grau bis grau-rot. Der rötliche Farbton überwiegt bei Hyperämie (durch akute entzündliche Vorgänge, Stauung) oder bei Erythrocytenresorption der Sinus (infolge Blutungen im Quellgebiet). Kleine gelbliche Flecken findet man bei eitriger Lymphadenitis, reticulocytärer abscedierender Lymphadenitis (Katzenkratzkrankheit u. a.), Lymphknotentuberkulose (Mischform), Lymphogranulomatose oder malignen Tumoren des Lymphknotens (primär oder metastatisch). Große gelbe käseartige Nekrosen sind die Regel bei käsiger Lymphknotentuberkulose und bei der extrem seltenen gummösen Lymphadenitis syphilitica. Sie kommen weiterhin bei malignen „Lymphomen", besonders beim großfollikulären Lymphoblastom und bei der Lymphogranulomatose vor, wenn durch das Tumorwachstum die Gefäßversorgung eines Lymphknotens Schaden gelitten hat. Man sieht dann oft in einem größeren Lymphknotenpaket einen einzelnen Lymphknoten mit gelblicher Schnittfläche. In diesem Lymphknoten sind histologisch keinerlei intakte Tumorverbände mehr nachweisbar, sondern das nekrotische Tumorgewebe wird von einem unspezifischen, von der Lymphknotenkapsel ausgehenden Granulationsgewebe umschlossen. Ebenso kommen bei Carcinommetastasen neben großen auch kleinere Nekrosen vor. Bei der xanthösen Lymphogranulomatose und der Lipoidgranulomatose (Hand-Schüller-Christian) ist die Schnittfläche des Lymphknotens diffus oder herdförmig schwefelgelb verfärbt. Melanommetastasen können ganz oder teilweise grau bis tintenschwarz getönt sein.

Während die Schnittfläche des normalen Lymphknotens eine einigermaßen gleichmäßige Strukturierung aufweist, läßt sich bei einigen Erkrankungen eine charakteristische Abweichung beobachten. Bei der epitheloidzelligen Tuberkulose und Sarkoidose ist auf der grau-bräunlichen Schnittfläche oft eine ganz feine Körnelung (entsprechend den Tuberkeln) erkennbar. Ähnlich ist die feine Körnelung beim großfollikulären Lymphoblastom (Brill-Symmers), doch zeigt hierbei die Schnittfläche eine gleichmäßige hellgraue bis grauweiße Farbe. Auch ist die Konsistenz weicher. Bei verhornenden Plattenepithelcarcinomen ist oft eine ungleichmäßige Bildung von gelblichen Stippchen zu erkennen, die über die Schnittfläche hervorragen und dieser ein grießeliges Aussehen verleihen. Für Lymphogranulomatose ist neben der festen Konsistenz die unregelmäßig gefelderte Schnittfläche charakteristisch: die faserarmen grauen Lymphogranulombezirke ragen etwas über die sehnig weißen, von der Kapsel in das Lymphknoteninnere einstrahlenden Narbenzüge vor.

Spezielle Pathologie der Halslymphknoten

I. Lymphadenitis ohne erkennbare Spezifität einschließlich reaktive Hyperplasie („unspezifische Lymphadenitis")

Definition

Unter „unspezifischer Lymphadenitis" versteht man landläufig alle diejenigen Lymphknotenreaktionen, die einen Rückschluß auf die auslösende Ursache nicht zulassen. Wir haben jedoch früher (1961a) ausführlich begründet, daß der Begriff „unspezifische Lymphadenitis" streng genommen durch den Begriff „Lymphadenitis ohne erkennbare Spezifität" ersetzt werden sollte, und daß die echte Lymphadenitis von der reaktiven Hyperplasie zu unterscheiden ist: Bei der reaktiven Hyperplasie sind lediglich die normalen lymphknoteneigenen Zellen vermehrt, bei der Lymphadenitis findet man außerdem zuverlässige Entzündungszeichen wie Granulocyteninfiltration, Entwicklung besonderer Entzündungszellen (z.B. Epitheloidzellen) oder entzündliche Kapselveränderungen. Da die einzelnen Formen der reaktiven Hyperplasie auch Teilerscheinungen der „unspezifischen Lymphadenitis" sein können, ist die Grenze zwischen reaktiver Hyperplasie und Lymphadenitis fließend und in praxi ohne größere Bedeutung, so sehr wir ihre grundsätzliche Scheidung für angezeigt halten. Da die Formen der reaktiven Hyperplasie außerdem Teilerscheinungen der „spezifischen" Lymphadenitiden sind, kann die folgende Reihe der histologischen Einzelsymptome auch als eine Art allgemeiner Pathologie der Lymphadenitiden schlechthin gelten.

Histologie

Normalhistologische Vorbemerkungen

Bevor wir uns den pathologischen Lymphknotenveränderungen zuwenden, soll anhand von einigen Abbildungen die normale Lymphknotenstruktur kurz erläutert werden. In Abb. 1 ist eine Kombination von Gomori-Versilberung und Giemsa-Färbung wiedergegeben. Die Abb. 2 stellt einen Lymphknoten, an dem die Adenosintriphosphatasereaktion ausgeführt wurde, bei schwacher mikroskopischer Vergrößerung dar.

Die Hauptmasse des lymphatischen Gewebes ist knötchenförmig angeordnet. Dies läßt sich aus beiden Abbildungen gut ablesen. Man unterscheidet Primär-, Sekundär- und Tertiärknötchen („Follikel"). Die Primärknötchen bestehen fast nur aus Lymphocyten und sind faserarm (Abb. 1). Sie entwickeln einige Wochen nach der Geburt Keimzentren („Reaktionszentren") im Inneren, welche unter anderem eine bestimmte Zellrasse, die (basophilen) Germinoblasten, enthalten (Abb. 2, 5). Die Keimzentren samt dem umgebenden Lymphocytenwall bezeichnet man als Sekundärknötchen. Masshoff (1960) zählt sie nicht zu den normalen Lymphknotenstrukturen. Der Lymphocytenwall ist in Abb. 2 deutlich erkennbar; er zeigt eine mäßig starke Adenosintriphosphatasereaktion, während das Keimzentrum selbst negativ ist. Die Tertiärknötchen stammen nicht etwa von den Sekundärknötchen ab, sondern stellen unabhängige Bildungen dar. Sie machen ein Vielfaches des Durchmessers der Sekundärknötchen aus, sind reich an Reticulumzellen und oft auch an basophilen Stammzellen; sie enthalten viele Gefäße und mehr Gitterfasern als Primär- und Sekundärfollikel. Das diffus entwickelte lymphatische Gewebe nennen wir Pulpa. Wir finden es im Gegensatz zu den Knötchen, die in der Rinde liegen, vorwiegend im Mark. In der Pulpa des Markes sind immer einige Plasmazellen nachweisbar. Die Zahl der Plasmazellen ist in dem abgebildeten Lymphknoten (Abb. 2) stark erhöht. Dies läßt sich bei der Adenosintriphosphatasereaktion sehr leicht erkennen, da die Plasmazellen als die adenosintriphosphatase-reichsten Zellen des Lymphknotens erscheinen. Zwischen den Strängen der Markpulpa liegen die relativ weiten Marksinus, die ihre Lymphe von den engen Rand- und Intermediärsinus (in Rindenpulpa gelegen) erhalten (Abb. 1). Der Lymphzufluß erfolgt über die Vasa afferentia an der Konvexität des Lymphknotens, während die efferenten Lymphgefäße im Mark entspringen und

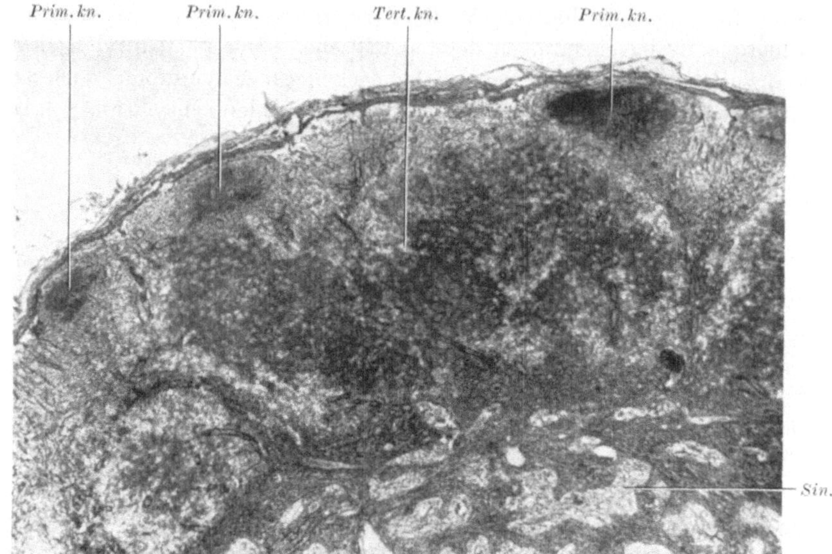

Abb. 1. Übersichtsaufnahme bei Giemsa-Gomori-Färbung. Beachte die kleinen Primärknötchen (*Prim.kn.*) und das große Tertiärknötchen (*Tert.kn.*). Unten die weiten Marksinus (*Sin.*). 50 ×

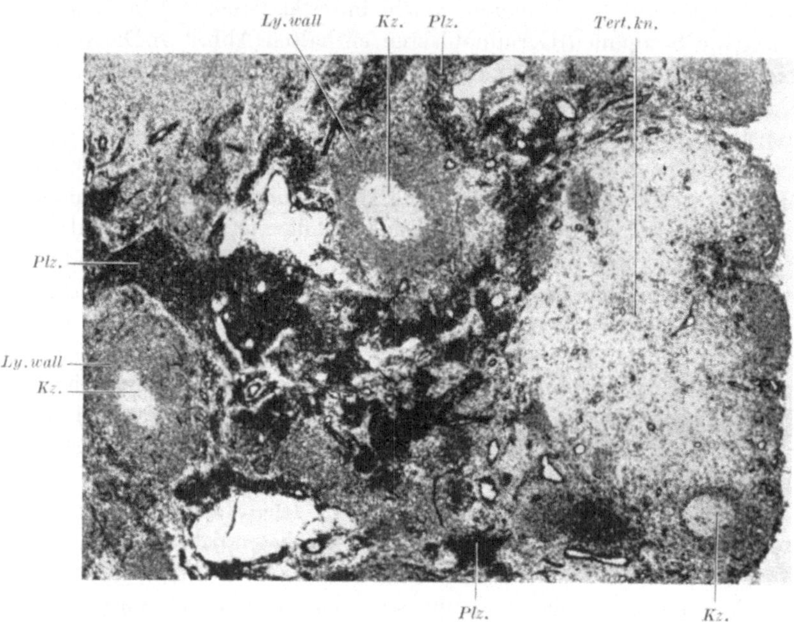

Abb. 2. Übersicht über die wichtigsten Lymphknotenstrukturen bei Adenosintriphosphatase-Reaktion. Hell ein großes Tertiärknötchen (*Tert.kn.*) und zwei kleine Keimzentren (*Kz.*) mit schwach positivem Lymphocytenwall (*Ly.wall*). Dunkel sind Plasmazellrasen in der Pulpa dargestellt (*Plz.*). 25 ×

den Lymphknoten an dem oft konkaven Hilus verlassen. Über die Capillar- und Arteriolenverteilung des Lymphknotens unterrichten mit einem Blick Präparate, in denen die alkalische Phosphatase dargestellt ist.

Die wichtigsten Teilerscheinungen der Lymphadenitis

a) Infiltration mit neutrophilen Granulocyten. Sie findet sich vorwiegend in erweiterten Sinus, in der Regel zusammen mit einem Sinuskatarrh oder einer unreifen Sinushistiocytose. In Pulpa und Follikeln kommen im allgemeinen nur wenige oder keine Granulocyten vor. Die Granulocyteninfiltration ist in Halslymphknoten häufig. Sie tritt z. B. bei eitriger Entzündung der Tonsillen oder Zähne oder bei Nekrosen im Quellgebiet auf. Auch unmittelbar nach Operationen kommt es in den regionären Lymphknoten oft zu einer Sinusleukocytose zusammen mit einer starken Erythrocytenansammlung („Erythrocytenresorption"). Wenn die Leukocyteninfiltration stark ausgeprägt ist, sprechen wir von (banaler) eitriger Lymphadenitis. Diese wird anhangsweise am Ende dieses Kapitels abgehandelt.

b) Infiltration mit eosinophilen Granulocyten. Die eosinophilen Granula sollen Antihistamin-Substanzen enthalten (VERCAUTEREN 1953 u. a.). Daraus wird verständlich, warum bei hyperergischen Entzündungen oft reichlich eosinophile Granulocyten — besonders in Pulpa und Sinus — eingelagert werden. Die stärksten Grade sieht man bei parasitären Erkrankungen und bei Lymphogranulomatose.

c) Stammzellhyperplasie. Unter Stammzellen verstehen wir große, stark basophile Zellen mit ovalem Kern und großen Nucleolen. Sie kommen normalerweise nur in kleiner Zahl in der Pulpa bzw. den Tertiärknötchen vor. Manchmal sind sie stark vermehrt („Stammzellhyperplasie"). Dazwischen sieht man dann immer reichlich große Reticulumzellen, die als ihre Vorstufen anzusehen sind. In Halslymphknoten wird eine stärkere Stammzellhyperplasie ganz überwiegend bei „Lymphadenitiden mit Blutbildveränderungen" (siehe Kapitel IV), besonders bei Röteln, aber auch bei Morbus Pfeiffer und Toxoplasmose, beobachtet.

d) Lymphatische Hyperplasie. Je nachdem ob die Lymphocyten der Pulpa oder die Follikel (mit Keimzentren) vermehrt sind, sprechen wir von einer diffusen oder follikulären lymphatischen Hyperplasie. Die diffuse lymphatische Hyperplasie, bei der keine oder nur kleine Keimzentren gefunden werden, ist im Halsbereich selten. Man sieht sie z. B. bei Hyperthyreosen und Hypocorticismus (Morbus Addison). Dagegen ist die follikuläre lymphatische Hyperplasie eine äußerst häufige Veränderung der Halslymphknoten, besonders bei Kindern und Jugendlichen. Sie zeigt hier oft stärkste Grade, so daß irrtümlich häufig ein großfollikuläres Lymphoblastom (BRILL-SYMMERS) diagnostiziert wird.

Die Keimzentren sind dann oft nur unscharf begrenzt und können sogar konfluieren oder „bersten". Sie bestehen aus Germinoblasten, großen

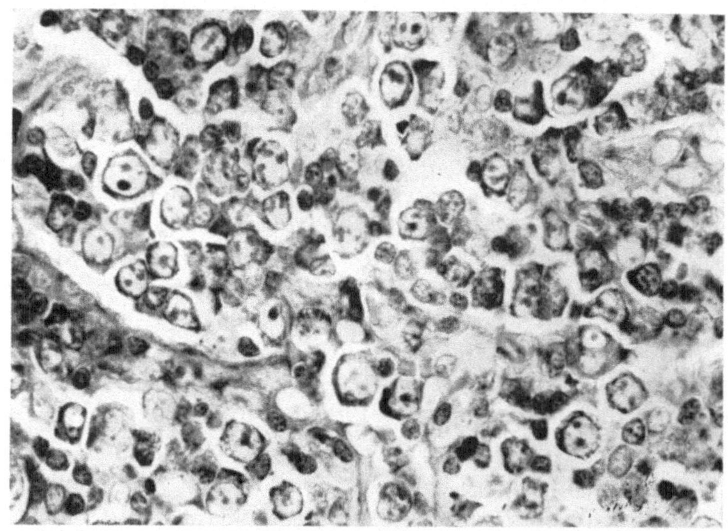

Abb. 3. Stammzell-Hyperplasie bei Röteln. Die „Stammzellen" sind hier als Plasmazellvorstufen zu deuten. Auch reifere „lymphatische" Plasmazellen kommen vor. Vgl. das großzellige basophile Reticulosarkom („Stammzellen-Lymphom", Abb. 58b). Giemsa, 625 ×

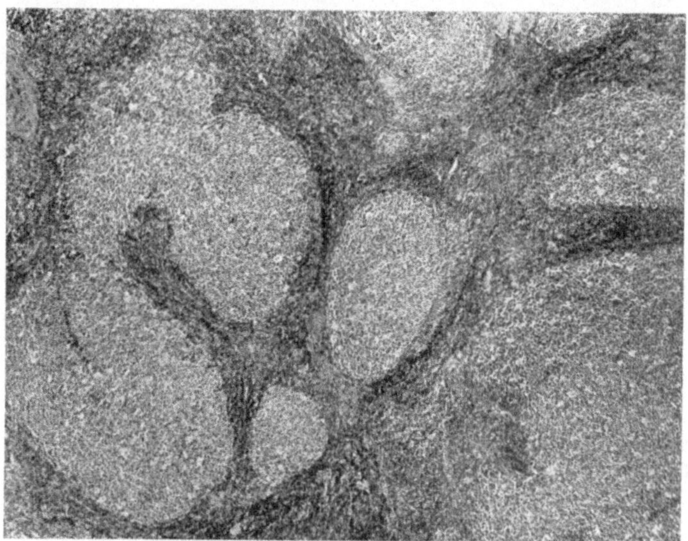

Abb. 4. Follikuläre lymphatische Hyperplasie. Große und zum Teil „konfluierte" Keimzentren. Vgl. die relativ kleinen Follikel beim großfollikulären Lymphoblastom (Abb. 40). H.-E., 50 ×

Reticulumzellen mit Kerntrümmerphagocytose („Sternhimmelzellen") und kleinen Rundzellen. Mitosen sind oft reichlich vorhanden. Sie sind kein Kriterium für einen etwaigen malignen Prozeß.

Die Ursachen der follikulären lymphatischen Hyperplasie sind vielfältiger Art: Entzündungen (Tonsillen, Zähne!) und Carcinome im Quellgebiet spielen im Halsbereich die Hauptrolle. Daneben kommen hier häufig lymphotrope Virusinfektionen wie das Pfeiffersche Drüsenfieber

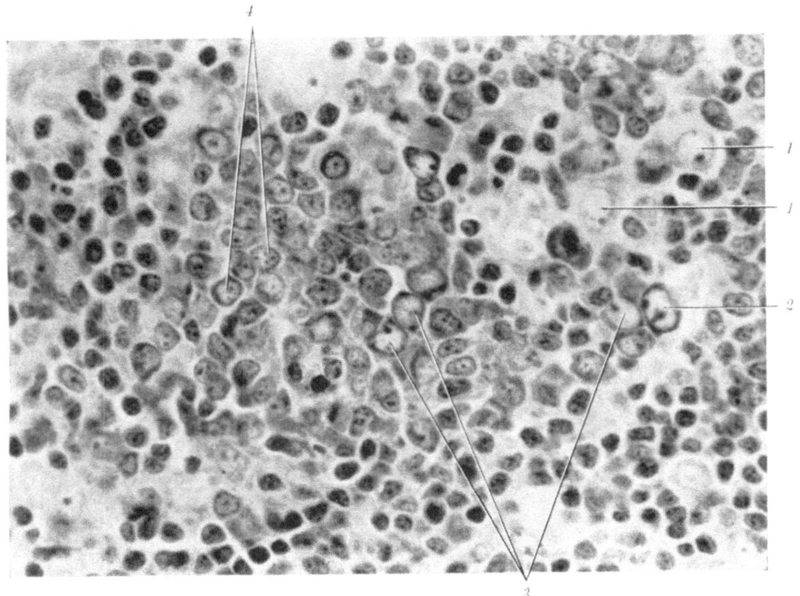

Abb. 5. Keimzentrum („nackt"), unscharf begrenzt. *1* Große Reticulumzellen; *2* Großer Germinoblast; *3* Mittlere Germinoblasten; *4* Kleine Germinoblasten. Azur-Eosin. 625 ×

vor. Auch bei primär chronischer Polyarthritis und Lues II können starke follikuläre Hyperplasien der Halslymphknoten gefunden werden.

c) Die Plasmazellhyperplasie (Plasmocytose). Die Plasmazellhyperplasie kann unreif und reif sein. Im ersten Falle findet man zahlreiche Plasmazellvorstufen (Proplasmazellen, Plasmoblasten, Proplasmoblasten), im zweiten Falle besteht die Proliferation vorwiegend aus reifen Plasmazellen, die manchmal mehrkernig sind. Alle Formen der Plasmazellreihe zeichnen sich durch stärkste Basophilie des Plasmas gegenüber den anderen Zellen des Lymphknotens aus. Sie proliferieren in der Pulpa besonders des Markbereiches und kommen manchmal in kleiner Zahl auch perivasculär in Keimzentren vor. Sie bilden gelegentlich fibrin-positive Kugeln (Russellsche Körperchen) oder Kristalle.

Die unreife Plasmazellhyperplasie wird im Halsbereich besonders bei „Lymphadenitiden mit Blutbildveränderungen" (siehe Kapitel IV), besonders bei Röteln, gefunden. Reife Plasmazellhyperplasien kommen vorwiegend im Abflußgebiet von Carcinomen, ferner bei Lebercirrhosen (BRIELLMANN 1955), Sepsis, chronischer Polyarthritis, Panmyelophthise, Serumkrankheit und anderen Ursachen vor.

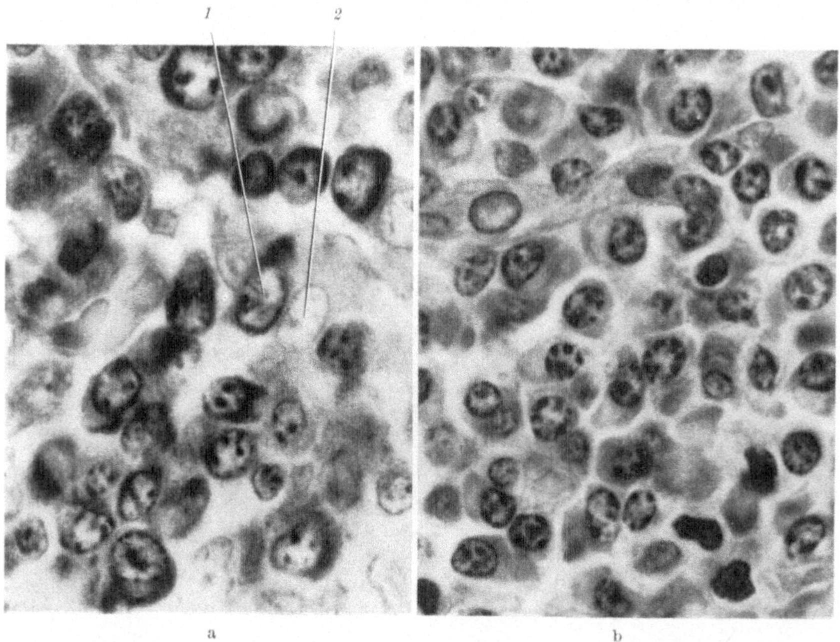

Abb. 6a und b. „Lymphatische" und „retikuläre" Plasmazellen. a Lymphatische Plasmazellen und Vorstufen. *1* Plasmoblast; *2* Reticulumzelle. b Retikuläre Plasmazellen. Eine Zellrasse, keine wesentlichen Größendifferenzen. Links unterhalb der Mitte eine zweikernige Form. H.-E., 1250 ×

f) Sinusreaktionen. Die bekannteste Sinusreaktion ist der *Sinuskatarrh.* Er besteht in einer Proliferation der großen, esterase-positiven Sinusretothelien. Diese lösen sich bei akuter starker Beanspruchung („akuter Sinuskatarrh") aus dem Verband und gelangen manchmal in die efferente Lymphe. Bei chronischer Belastung verbleiben die Retothelien großenteils an Ort und Stelle und bilden Gitterfasern („chronischer Sinuskatarrh", „Sinushistiocytose" von BLACK u. SPEER).

Der Sinuskatarrh ist im Halsbereich immer Ausdruck einer verstärkten abbauenden und resorptiven Tätigkeit des Lymphknotens, während die axillären und inguinalen Lymphknoten bereits physiologischerweise eine gewisse Vermehrung der Sinusretothelien aufweisen. Als Ursache des Sinuskatarrhs kommen besonders entzündliche Vorgänge und Carcinome im Quellgebiet in Frage. Auch im Abflußgebiet von Lymphogranulomatosen wird oft ein Sinuskatarrh beobachtet, der sich selbst nicht in ein lymphogranulomatöses Infiltrat weiterentwickelt.

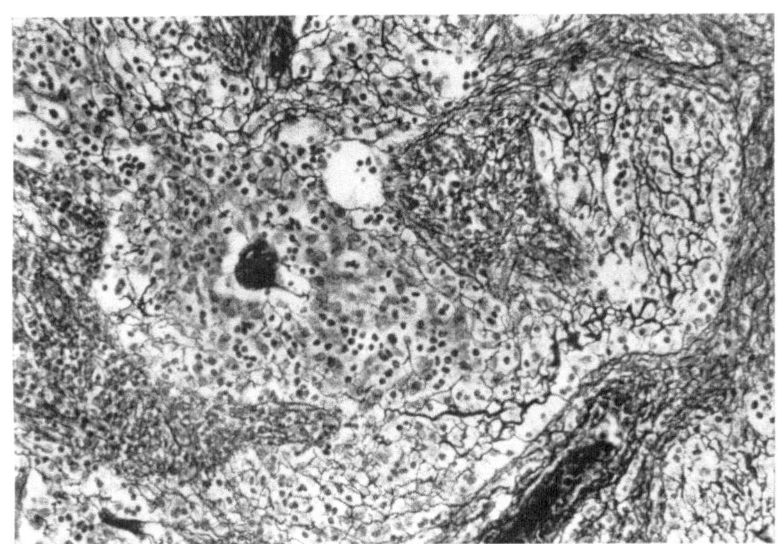

Abb. 7. Sinuskatarrh. Zwischen den vermehrten Retothelien reichlich Gitterfasern. Bielschowsky 250 ×

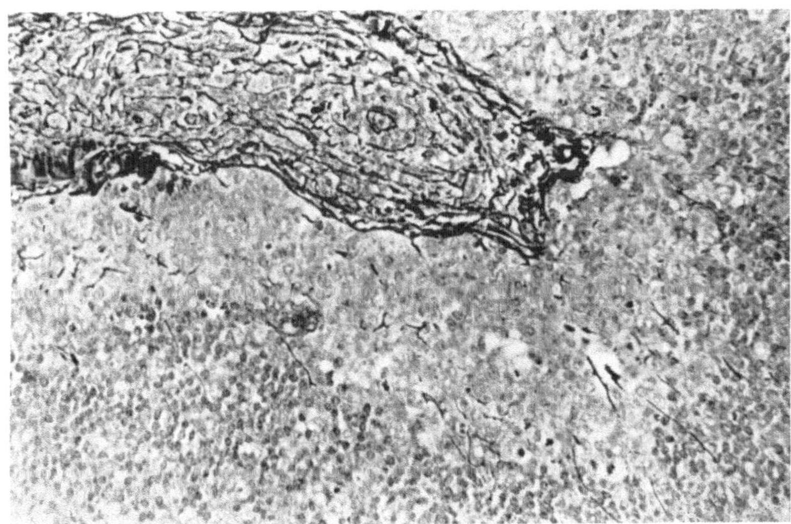

Abb. 8. Unreife Sinushistiocytose bei Piringerscher Lymphadenitis (Toxoplasmose). Bielschowsky 250 ×

Von dem Sinuskatarrh grenzten wir die „*unreife Sinushistiocytose*" ab (LENNERT 1959). Sie zeigt ein morphologisch, histologisch und ätiologisch abweichendes Verhalten gegenüber dem Sinuskatarrh. Es handelt sich um eine Proliferation unreifer kleiner bis mittelgroßer Zellen mit schmalem, gering basophilem Plasma, fehlender Esteraseaktivität und ohne Faserneubildung. Sie wird besonders in Randsinus und in den großen peritrabekulären Intermediärsinus gefunden.

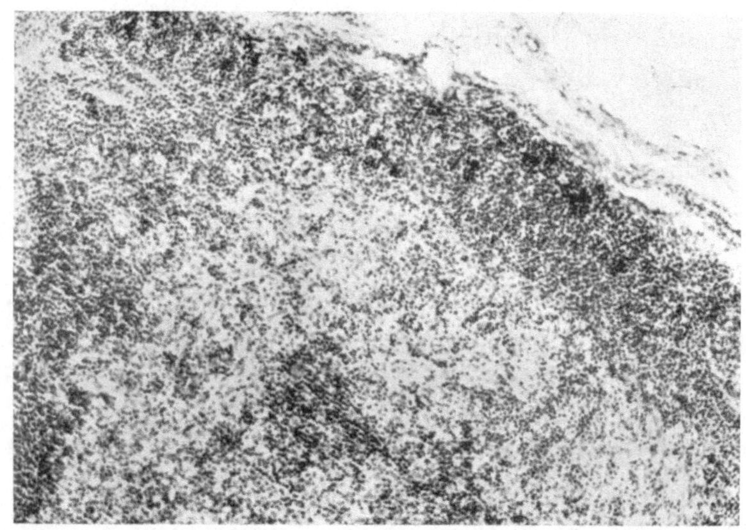

Abb. 9. Reticulocytose in der Rindenpulpa bei chronisch entzündlichem Prozeß in der tributären Haut. H.-E., 125 ×

Am häufigsten kommt die unreife Sinushistiocytose im Halsbereich bei Pfeifferschem Drüsenfieber und der Lymphknotentoxoplasmose (Piringersche Lymphadenitis) vor. Außerdem wird sie oft — zusammen mit reichlich neutrophilen Granulocyten — bei eitriger Lymphadenitis, ferner gelegentlich bei Katzenkratzkrankheit und Lymphogranulomatose beobachtet.

g) Mastzellhyperplasie (Mastocytose). Die Vermehrung der Gewebsmastzellen ist entweder in den Sinus oder der Pulpa oder in beiden lokalisiert. Man kann sie nur mit Giemsa- oder entsprechenden Färbungen, dagegen nicht im H.-E.-Präparat erkennen.

Mastocytosen werden in Halslymphknoten relativ selten gefunden. Als Ursache sind besonders chronische Allgemeininfektionen (z.B. Sepsis) und Carcinome des Lymphknotenquellgebietes zu nennen. Da die Mastzellen Histamin bilden und in ihren Granula stapeln, ist ihr Auftreten — oft zusammen mit eosinophilen Granulocyten — bei hyperergischen Reaktionen verständlich.

h) Reticulumzellhyperplasie (Reticulocytose). Eine Vermehrung der Reticulumzellen erfolgt herdförmig und diffus besonders in der Pulpa oder den Tertiärfollikeln der Rinde. Sie geht oft mit einer Gitterfaservermehrung verschiedenen Grades einher.

Als Ursachen kommen chronische Allgemeininfektionen, sowie Entzündungsherde, Carcinome und Hautaffektionen im Quellgebiet in Betracht. Ist die Reticulocytose stark und mit einer Ablagerung von Melanin und eventuell auch Lipiden verknüpft, so spricht man von „lipomelanotischer Reticulocytose" (siehe Kapitel V).

i) Epitheloidzell-Reaktionen. Die Epitheloidzelle ist entgegen der weitverbreiteten Lehrbuchmeinung keinesfalls für irgendeine Entzündung, am wenigsten für die Tuberkulose, spezifisch. Sie unterscheidet sich von der Reticulumzelle vor allem durch ihr oxyphileres Plasma (LENNERT 1953a), was im Hämatoxylin-Eosinpräparat weniger gut erkennbar ist als im Giemsa-Schnitt. Das Plasma der Epitheloidzelle ist außerdem voluminös. Es umschließt entweder einen großen plump-ovalen Kern und ist abgerundet („saftige Epitheloidzelle") oder es enthält einen länglichen, oft schuhsohlen- oder katzenzungenartig deformierten Kern und ist langgestreckt („dürre Epitheloidzelle").

Die Epitheloidzellreaktion ist klein- oder großherdig. Bei der kleinherdigen Epitheloidzellreaktion sind die zumeist saftigen Zellen in lockeren Gruppen zusammengefaßt. Langhanssche Riesenzellen sind selten. Verkäsungen und Faserbildungen kommen nicht vor. Bei der großherdigen Epitheloidzellreaktion entstehen Granulome von dem Durchmesser und meist auch dem Aussehen der Tuberkel. Sie enthalten saftige und dürre Epitheloidzellen, können kleine Verkäsungen aufweisen und neigen zur Fibrosierung der Außenzone.

Die kleinherdige Epitheloidzellreaktion hat in den letzten Jahren bei der Diagnose und der Differentialdiagnose der Lymphknotentoxoplasmose große Bedeutung erlangt (LETTERER 1953, PIRINGER-KUCHINKA 1953). Sie kommt im Halsbereich weitaus am häufigsten unter dem histologischen Bild einer Piringerschen Lymphadenitis vor. Nächstdem geht eine frühe Lymphogranulomatose nicht selten mit einer solchen Epitheloidzellproliferation einher (LETTERER 1953; LENNERT 1953b; ROULET 1954b) und muß daher gewissenhaft von der relativ harmlosen Piringerschen Lymphadenitis abgegrenzt werden (LENNERT 1959). Weiterhin findet man gelegentlich kleine Epitheloidzellherde bei verschiedenen spezifischen Lymphadenitiden, wie reticulocytäre abscedierende Lymphadenitis, Lues I und II sowie Typhus. Schließlich sind die kleinherdigen Epitheloidzellreaktionen grundsätzlich als Beginn der großherdigen Epitheloidzellproliferation anzusehen; zumeist findet man jedoch bereits von Anfang an die Neigung zur Bildung großer Epitheloidzellherde, so daß die kleinherdige Vorphase in der Regel zum Zeitpunkt der Untersuchung bereits durchschritten ist.

Unter den großherdigen Epitheloidzellreaktionen stehen die Tuberkulose und Sarkoidose an der Spitze. Weiterhin sind Brucellose, Lues III, Lepra, Melkersson-Rosenthal-Syndrom, Lupus erythematodes und besonders die sarkoidähnliche Reaktion bei Carcinomen des Quellgebietes zu nennen.

k) Perilymphadenitis. Bei zahlreichen Lymphadenitiden wird auch die Kapsel in das Entzündungsgeschehen einbezogen, indem sie von den entzündlich veränderten Randsinus (besonders unreife Sinushistiocytose!) oder von der Lymphknotenumgebung aus befallen wird. Bei Erkrankungen des rheumatischen Formenkreises, z.B. bei der allergischen Granulomatose (Churg u. Strauss), sind die Veränderungen an den Bindegewebsstrukturen des Lymphknotens gepaart mit morphologisch gleichartigen Bildern am kollagenen Bindegewebe zahlreicher weiterer Lokalisationen.

Ist die Perilymphadenitis akut oder wenigstens floride, so findet sich eine Verbreiterung der Kapsel mit Ödem und Vermehrung metachromatisch färbbarer saurer Mucopolysaccharide. Dazu kommen lockere lympholeukocytäre Infiltrate. Später nimmt die Metachromasie (Violettfärbung im Giemsa-Präparat) ab zugunsten einer Faservermehrung. An Infiltraten findet man jetzt vorwiegend Plasmazellen neben Lymphocyten und Histiocyten.

Synthetische Betrachtung der sogenannten unspezifischen Lymphadenitis

Wenn man die Erfahrungen des Tierexperimentes und der menschlichen Pathologie berücksichtigt und die zahlreichen Erscheinungsweisen der „unspezifischen Lymphadenitis“ zu interpretieren versucht, so können die folgenden Grundlinien als Richtschnur dienen.

Die akute Entzündung ist am besten negativ zu charakterisieren: Es fehlen große floride Sekundärknötchen, unreife Sinushistiocytosen, Mastocytosen und Epitheloidzellreaktionen. Dagegen besteht oft eine Stammzellhyperplasie und wohl auch diffuse lymphatische Hyperplasie. Beide sind meist mit einer geringen Reticulocytose und einer Vermehrung von Plasmazellvorstufen im lymphatischen Parenchym vergesellschaftet. Die Kapsel zeigt — wenn befallen — ein Ödem und/oder Granulocyteninfiltrate. Ein geringer Sinuskatarrh mit Leukocytose kann nachweisbar sein, dagegen sind die Mastzellen der Sinus stark reduziert oder fehlen ganz. Hyperämie, Blutungen und Exsudation sind weitere Zeichen des akuten Geschehens, oft aber nicht deutlich ausgeprägt.

Die subakute Entzündung unterscheidet sich von der akuten Lymphadenitis vor allem durch die meist vorhandenen, großen und floriden Sekundärknötchen, die etliche Mitosen und Kerntrümmer aufweisen. Die Stammzellhyperplasie nimmt ab, die diffuse lymphatische Hyperplasie kann noch bestehen, tritt aber bald — entsprechend der starken Lymphocytenausschwemmung (?) — zurück. Jetzt kommt es manchmal zur Entwicklung von Epitheloidzellen und unreifen Sinushistiocyten, sowie meist zu stärkerer Bildung von reifen Plasmazellen. Die Kapsel zeigt manchmal eine verstärkte Metachromasie und/oder lymphoplasmacelluläre Infiltrate.

Die chronische Lymphadenitis ist durch eine weitere Abnahme der Stammzellen gekennzeichnet. Sekundärknötchen sind meist vorhanden, von verschiedener Größe und verschiedener Aktivität; nicht selten kommen „ausgebrannte“, d. h. germinoblastenarme, große Sekundärknötchen vor. Die kleinen Lymphocyten der Pulpa sind bereits vermehrt. Es besteht oft eine starke Plasmocytose, wobei die reifen Formen meist überwiegen. Auch die Reticulumzellproliferation ist in manchen Fällen stärker. In den Sinus sieht man gelegentlich einen chronischen Katarrh, seltener eine unreife Histiocytose. Je länger die Lymphknotenreizung anhält, um so mehr nimmt die Plasmocytose zu und die follikuläre Hyperplasie sowie die Vermehrung der Sinusretothelien ab. Kapsel und Trabekel können erheblich verdickt sein und sind oft noch metachromatisch färbbar. Auch lymphoplasmacelluläre Kapselinfiltrate kommen vor. Zu den besprochenen cellulären Reaktionen tritt manchmal noch eine stärkere Vermehrung der Gitterfasern, eventuell mit Kollagenisierung.

Über die funktionelle und prognostische Bedeutung einiger Teilerscheinungen der „unspezifischen Lymphadenitis“

Alle Teilerscheinungen der Lymphadenitis sind grundsätzlich reaktiver Art: Die Vermehrung der Retothelien in Sinus und Pulpa (Sinuskatarrh, unreife Sinushistiocytose, Reticulocytose) zeigen den Abbau und die Resorption von Gewebszerfallsstoffen oder körperfremden antigenen Substanzen an. Dies wird zunächst und zum Teil auch von den neutrophilen Granulocyten besorgt. Die Epitheloidzellen dürften eine Spezialform der antigenverarbeitenden Reticulumzellen sein. Die Plasmazellen bilden die serologisch nachweisbaren (nicht zellständigen) Antikörper gegen zugeführte Antigene. Die Bedeutung der Keimzentren und der lymphatischen Pulpa einschließlich der Tertiärknötchen ist noch unklar. Vielleicht stehen die Keimzentren auch irgendwie mit der Antikörperbildung in Verbindung (Ehrich 1962). Die basophilen Stammzellen der Rindenpulpa bzw. der Tertiärknötchen erzeugen möglicherweise die zellständigen Antikörper und geben diese den Lymphocyten mit auf den Weg (Lennert 1961a, 1962a). Die Bedeutung der Mastzellen ergibt sich aus dem Gehalt an Heparin und Histamin, ohne daß wir die funktionellen Zusammenhänge schon genau zu durchschauen vermögen.

Die Prognose aller „unspezifischen Lymphadenitiden" ist entsprechend der reaktiven Natur des Geschehens grundsätzlich gut. Zwar können die Veränderungen monate- bis jahrelang bestehen — dies gilt besonders für die follikuläre lymphatische Hyperplasie, die Plasmocytose und den Sinuskatarrh —, doch heilen sie stets nach Entfernung der Ursache (z. B Zahngranulome, chronische Amygdalitis) ab. Ein Übergang einer Reticulocytose in eine (maligne) Reticulose ist ebenso wenig bewiesen wie eine Umwandlung der follikulären lymphatischen Hyperplasie in ein großfollikuläres Lymphoblastom (BRILL-SYMMERS). Daran ist festzuhalten, auch wenn in seltenen Fällen *morphologisch* eine Grenze nicht mit genügender Sicherheit zu ziehen ist. Dementsprechend ist weder die lipomelanotische Reticulocytose noch die starke follikuläre lymphatische Hyperplasie als Präblastomatose aufzufassen.

Vorkommen der sogenannten unspezifischen Lymphadenitis im Halsbereich

Wenn wir unser Untersuchungsgut aufteilen nach Lymphadenitiden mit und ohne Carcinom im Quellgebiet, so ergibt sich die Alters- und Geschlechtsverteilung der Abb. 10. Die carcinomregionären Lymphknotenreaktionen zeigen entsprechend der Häufigkeitsverteilung der zugehörigen Geschwülste einen Gipfel im höheren Lebensalter, während die entzündlich bedingten Lymphknotenhyperplasien weitaus am häufigsten in den ersten drei Jahrzehnten vorkommen. In beiden Gruppen überwiegt das männliche Geschlecht, und zwar bei den Carcinomträgern etwas stärker als bei den übrigen Fällen.

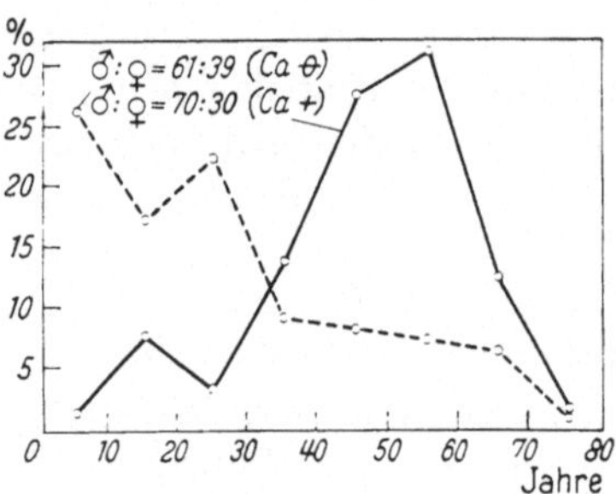

Abb. 10. Altersverteilung bei 228 „unspezifischen Lymphadenitiden", aufgeteilt nach Fällen mit und ohne Carcinom im Quellgebiet

Anhang: Banale eitrige Lymphadenitis

Definition. Unter eitriger Entzündung verstehen wir im Lymphknoten wie anderswo eine granulocytenreiche Entzündung. Die neutrophilen Granulocyten können zusätzlich zu einer Gewebseinschmelzung führen. Wir sprechen dann von einer eitrigen abscedierenden Entzündung, hier von einer eitrigen abscedierenden Lymphadenitis.

Vorkommen. Eitrige Lymphadenitiden der Halslymphknoten sind häufig. Sie entstehen immer metastatisch nach eitriger Infektion des Quellgebietes. Als Erreger kommen vor allem Streptokokken und Staphylokokken in Frage. Amygdalitiden einschließlich der Plaut-Vincentschen und der Scharlachangina sind oft Ausgangspunkt für die Lymphknotenentzündung. Betroffen sind häufig Kinder, speziell Kleinkinder.

Histologie. Wir unterscheiden eine eitrige nicht-abscedierende und eine eitrige abscedierende Lymphadenitis. Die eitrige nicht-abscedierende Lymphadenitis zeigt eine Granulocyteninfiltration in den stark verbreiterten Sinus, die gleichzeitig eine mehr oder weniger hochgradige Vermehrung unreifer Histiocyten aufweisen. Das übrige Lymphknotengewebe befindet sich entweder in dem Zustand, wie er zur Zeit der Bakterieninvasion angetroffen wurde, oder man sieht — bei länger bestehender Lymphadenitis — hyperplastische Vorgänge verschiedener Art. Die Kapsel ist von der Entzündung zumeist mitergriffen. Sie wird bei längerem Bestehen der Entzündung stark fibrös verbreitert.

Die eitrige abscedierte Lymphadenitis kann aus der nicht abscedierten Form hervorgehen. Es kommt zu kleineren oder größeren Einschmelzungen des Lymphknotenparenchyms, unter Umständen mit Einbeziehung der Kapsel und Durchbruch nach außen. Die Abscesse werden bei Abklingen der Entzündung von einem capillarreichen, manchmal schaumzellreichen Granulationsgewebe ersetzt.

II. Die reticulocytären abscedierenden Lymphadenitiden

Definition. Der Begriff „abscedierende reticulocytäre Lymphadenitis" wurde von Masshoff 1953 für ein recht charakteristisches Entzündungsbild geprägt, das er in mesenterialen Lymphknoten beobachtete und das Knapp (1954, 1958, 1959) zusammen mit Masshoff (Knapp u. Masshoff 1954) als Pseudotuberkulose identifizieren konnte. Wir fassen den Begriff weiter und wenden ihn auf alle Lymphadenitiden an, die mit der Masshoffschen mesenterialen Lymphadenitis histologisch übereinstimmen, aber auch durch andere Keime hervorgerufen sein können. Als Erreger kommen sicher zwei Gruppen in Betracht: Pasteurellen (Pasteurella pseudotuberculosis und tularensis) und Viren der Miyagawanellagruppe (Erreger des Lymphogranuloma inguinale und wahrscheinlich der Katzenkratzkrankheit).

Die morphologischen Grundzüge bei allen reticulocytären abscedierenden Lymphadenitiden sind die folgenden:

1. Es treten zunächst ausgesprochen kleinzellige Reticulumzellherde auf, deren Zelltypus demjenigen der Typhusknötchen und der unreifen Sinushistiocytose entspricht. Diese Herde unreifer Reticulumzellen bzw. Histiocyten werden sekundär von Granulocyten infiltriert und schließlich im Zentrum eingeschmolzen. So entsteht das histologische Leitsymptom der Erkrankung, der reticulocytär begrenzte Absceß. Anfangs sind die

Abscesse reich an Kerntrümmern. Bei genügend langer Dauer der Entzündung sieht man eine völlige Lyse der Kerne, wodurch ein relativ homogenes Bild entsteht, das tuberkulösem Käse entfernt ähnlich sehen kann. Eine echte Verkäsung wird aber stets vermißt. Der Reticulumzellsaum wandelt sich bald in Epitheloidzellen um. Diese können sogar palisadenförmig angeordnet sein. Auch kommen gelegentlich kleine Epitheloidzellknötchen ohne zentrale Nekrose vor, die vielfach von Tuberkeln nicht zu unterscheiden sind.

2. Das lymphatische Gewebe zeigt zu Beginn neben einer Capillarerweiterung und Blutung eine starke Neubildung vorwiegend basophiler

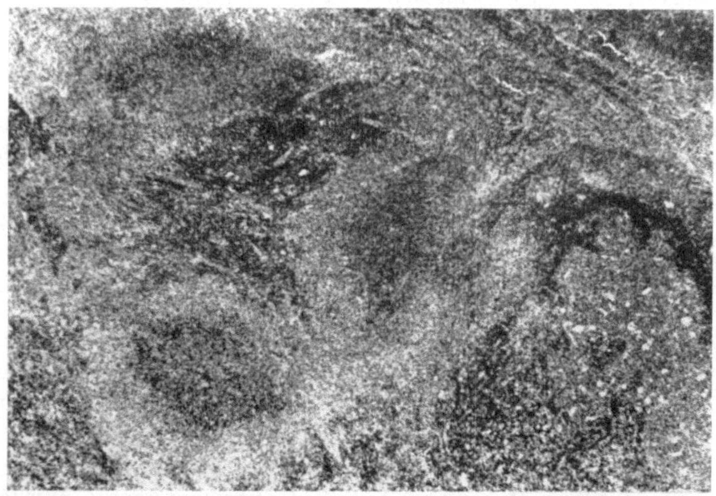

Abb. 11. Katzenkratzkrankheit (Viruskratzlymphadenitis). Mehrere reticulocytär begrenzte Abscesse in der Rinde. Großes florides Keimzentrum rechts unten (mit „Sternhimmelzellen"). H.-E., 50 ×

Zellformen: Plasmazellen und ihre Vorstufen, basophile Stammzellen und „retikuläre Reizzellen" rufen zusammen mit etlichen Reticulumzellen ein buntes Bild in der Pulpa hervor. Hyperaktive Keimzentren mit phagocytierten Kerntrümmern zeigen die Gewebsantwort der Follikel an. Hinzu kommt noch eine geringe Infiltration der Pulpa mit neutro- und oft auch eosinophilen Leukocyten. In den späten Stadien beschränkt sich die Reaktion des lymphatischen Restgewebes hauptsächlich auf die Bildung von Plasmazellen.

3. Das dritte wichtige Charakteristicum ist die meist erhebliche entzündliche Infiltration der Kapsel und der Umgebung. Sie kann spezifisches und unspezifisches Gepräge haben, d. h. wir finden reticulumzellig begrenzte Nekrosen oder Infiltrate von Lymphocyten, Plasmazellen, eosinophilen und neutrophilen Leukocyten.

4. Häufig findet man Gefäßveränderungen wie Wandverquellung von Arteriolen, Endophlebitis oder Endarteriitis. Sie spielen sich meist in der Lymphknotenumgebung ab.

Die Unterscheidung der einzelnen Formen von reticulocytärer abscedierender Lymphadenitis gelingt nur mit bakteriologisch-serologischen Methoden.

Arten. Im Halsbereich kommt differentialdiagnostisch fast nur die Katzenkratzkrankheit in Frage. Die Tularämie ist hier nur selten lokalisiert. Das Lymphogranuloma inguinale wurde an dieser Stelle in einzelnen ungewöhnlichen Fällen beobachtet (z.B. von ROTH u. SCHULICK 1951). Eine Pseudotuberkulose der Halslymphknoten ist bisher meines Wissens nicht beobachtet worden. Wir können uns somit auf die Besprechung der Katzenkratzkrankheit und der Tularämie beschränken.

1. Katzenkratzkrankheit[1]

Vorkommen. Die Katzenkrankheit, auch Katzenkrallenkrankheit, Viruskratzlymphadenitis oder benigne Viruslymphadenitis genannt, wurde nach der Beschreibung von DEBRÉ u. Mitarb. sowie MOLLARET u. Mitarb. im Jahre 1950 zunächst häufig diagnostiziert, scheint aber in den letzten Jahren wieder seltener zu werden. Nach unseren Untersuchungen tritt sie offenbar in den Herbst- und Wintermonaten wesentlich häufiger auf als im Frühjahr und Sommer.

Die Katzenkratzkrankheit kommt in allen Lebensaltern vor, ist aber im Kindesalter am häufigsten. Über ein Drittel der Kranken von DANIELS u. MCMURRAY (1954) war weniger als 10 Jahre alt, ein weiteres Drittel fiel auf die Spanne zwischen 10. und 30. Lebensjahr, der Rest verteilte sich auf das 31. bis 70. Lebensjahr. Nach GSELL und GSELL-BUSSE (1957) war der jüngste beobachtete Patient 10 Monate, der älteste 70 Jahre alt. Bei den Erwachsenen scheint das weibliche Geschlecht — wegen seiner verbreiteten Vorliebe für Katzen — häufiger als das männliche befallen zu sein. Gelegentlich wurden Familienepidemien beobachtet. Dabei erkrankten die betroffenen Familienmitglieder oft gleichzeitig an einem Tag.

Der Sitz der Lymphknotenschwellung wechselt je nach der Inokulationsstelle (Haut des Gesichtes, des Halses etc.). Lymphknoten und Eintrittspforten bilden zusammen einen Primärkomplex. Die Halslymphknoten in ihrer Gesamtheit sind etwa in 20—29% aller Fälle von Katzenkrankheit betroffen.

---

[1] DANIELS u. MCMURRAY 1952, 1954; MOLLARET 1952; USTERI, WEGMANN u. HEDINGER 1952; DEBRÉ u. JOB 1954; KALTER, PRIER u. PRIOR 1955; GSELL u. GSELL-BUSSE 1957.

2. Tularämie[1]

Vorkommen. Nur bei der oral-glandulären und okulo-glandulären Form der Tularämie sind die Halslymphknoten befallen. Diese Formen der Tularämie sind in Mitteleuropa zur Zeit jedoch sehr selten. Da die Infektion zumeist durch infizierte Tierorgane, vor allem von Feldhasen, erfolgt, sind bestimmte Berufe wie Fleisch- und Wildhändler, Küchenpersonal, Abdecker, Pelzverarbeiter usw. gefährdet.

III. Tuberkulöse und tuberkuloide Lymphadenitiden

1. Lymphknoten-Tuberkulose[2]

Vorkommen. Die Lymphknotentuberkulose ist heute wohl wesentlich seltener als vor zehn Jahren, kommt jedoch immer noch häufig vor. Im bioptischen Untersuchungsgut des Heidelberger Pathologischen Instituts (1950—1959) finden sich 1158 Lymphknotentuberkulosen, das sind 39,7% aller untersuchten Lymphknoten. Unter diesen zählen wir 807 = 69,8% Tuberkulosen der Halslymphknoten. Auch in dem Frankfurter bioptischen Untersuchungsgut waren mehr als zwei Drittel der Lymphknotentuberkulosen im Halsbereich lokalisiert (74,2%).

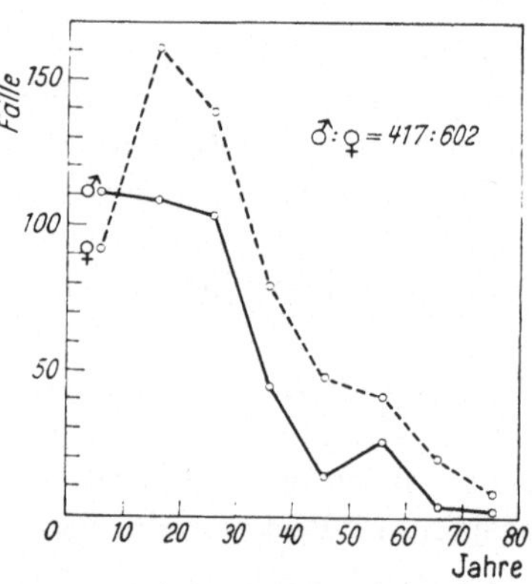

Abb. 12. Alter und Geschlecht bei Halslymphknoten-Tuberkulose. Nach 1019 Fällen, die von 1950—1962 im Pathologischen Institut Heidelberg untersucht wurden

Die Lymphknotentuberkulose kommt am häufigsten in den Monaten April bis Juni vor (Seifert 1937; Kalbfleisch 1948; Zöbisch 1948, 1949; Lennert 1961a), während sie im Herbst und Winter ein Minimum an Erkrankungsfällen aufweist.

Die derzeitige Altersverteilung der Halslymphknotentuberkulose ergibt sich aus der Abb. 12. Sie ist also weitaus am häufigsten in den ersten drei Jahrzehnten und zeigt beim weiblichen Geschlecht einen scharfen Gipfel im zweiten Jahrzehnt. Das männliche Geschlecht dagegen wird am häufigsten im ersten Decennium befallen und läßt noch einen kleinen Gipfel im

[1] Chevallier u. Bernard 1932; Chiari 1937; Lillie 1937; Randerath 1943, 1944; Nordmann u. Doerr 1945; Reich 1950; Schuermann u. Hüttner 1950; Schulten 1952; Meyer 1953; Trautmann 1955; Knothe, Zimmermann u. Havemeister 1959.

[2] Huebschmann 1928, 1956; H. Wurm 1943; Kalkoff 1949; Fresen 1950a,b; F. Schmid 1951; Wissler 1952; Beitzke 1953; Trautmann u. Trautmann 1953; Brügger 1956, 1963; Zeller 1959; P. Ch. Schmid 1960; Nassal 1961; Taillens 1961, 1962.

sechsten Jahrzehnt erkennen. Dieser zweite Gipfel war im letzten Weltkrieg besonders bei der Frau stark ausgeprägt (KÖHLER 1955; LENNERT 1961 a). Im übrigen ist das weibliche Geschlecht etwas häufiger befallen als das männliche, das Verhältnis beträgt etwa 1:1,5 = ♂:♀.

Die einzelnen histologischen Formen der Lymphknotentuberkulose zeigen in den Biopsien der Jahre 1960—1962 folgende Altersverteilung (siehe Tab. 2): Die käsige Tuberkulose kommt weitaus am häufigsten im Kindes-, Jugend- und frühen Erwachsenenalter zur Beobachtung. Die epitheloidzellige Tuberkulose wird vor allem bei älteren Frauen gefunden. Die Mischform verhält sich nicht charakteristisch.

Tabelle 2. *211 eigene Beobachtungen von Halslymphknotentuberkulose, aufgeschlüsselt nach Alter, Geschlecht und histologischem Typ*

Lebensjahre	Caseosa		Mischform		Epith. Tbc.		Gesamt
	♂	♀	♂	♀	♂	♀	
0— 9	6	6	7	2	—	—	21
10—19	14	12	1	6	—	—	33
20—29	16	32	5	2	1	1	57
30—39	14	17	2	6	—	—	39
40—49	—	15	—	4	1	—	20
50—59	6	9	1	3	2	7	28
60—69	1	3	—	3	—	1	8
70—79	1	2	—	1	—	1	5
Summe	58	96	16	27	4	10	211

Entstehung. Über die Entstehung der Halslymphknotentuberkulose ist in jüngster Zeit durch JATHO (1962) eine heftige Diskussion ausgelöst worden (siehe W. BECKER 1963, frühere Literatur bei SCHMID 1960 und LENNERT 1961 a).

Die Halslymphknotentuberkulose wird auf lymphogene und hämatogene Infektionen zurückgeführt. Die lymphogene Form wird in der Regel vom Typus bovinus, die hämatogene Form häufiger auch vom Typus humanus hervorgerufen. Die Infektion erfolgt im Kindesalter — beim gegenwärtigen Verseuchungsgrad unseres Rinderbestandes — häufiger lymphogen (und damit primär), während beim Erwachsenen die hämatogene Infektion überwiegen dürfte.

Als Eintrittspforte für die lymphogene Halslymphknotentuberkulose — sie ist vor allem im Kieferwinkel lokalisiert! — werden vor allem die *Tonsillen* angesehen, über deren Bedeutung man jedoch noch keineswegs einig ist. Vor allem läßt sich an dem histologischen Substrat der Tonsillen-Tuberkulose nicht ablesen, ob sie primär oder postprimär entstanden ist.

Was die Allgemeinhäufigkeit der *Tonsillentuberkulose* anlangt, so ist sie nach noch nicht abgeschlossenen Untersuchungen von LANG in unserem Institut zur Zeit nur gering: Die 1950—1959 an der Hals-, Nasen-, Ohrenklinik Heidelberg entfernten 2000 Tonsillen (meist Tonsillenpaare!) waren zu 1% tuberkulös infiziert. Dies entspricht ungefähr der Zahl, die von KINDLER (1948, 1951) als Prozentsatz der latenten Gaumen-und Rachenmandeltuberkulosen angegeben wurde, nämlich 1,5%. Der Hundertsatz von tuberkulösen Amygdalitiden, der sich nach 407 Tonsillenpaaren aus dem Tuberkulosesanatorium Bad Dürkheim[1] errechnen ließ, war viel höher; er betrug 10,6%. Dies hat seinen Grund in dem besonderen Krankengut und vor allem in der Behandlungsmethode, die KASTERT (1950) bei Halslymphknotentuberkulosen anwendet: KASTERT pflegt bei Halslymphknotentuberkulosen die Eintrittspforten der

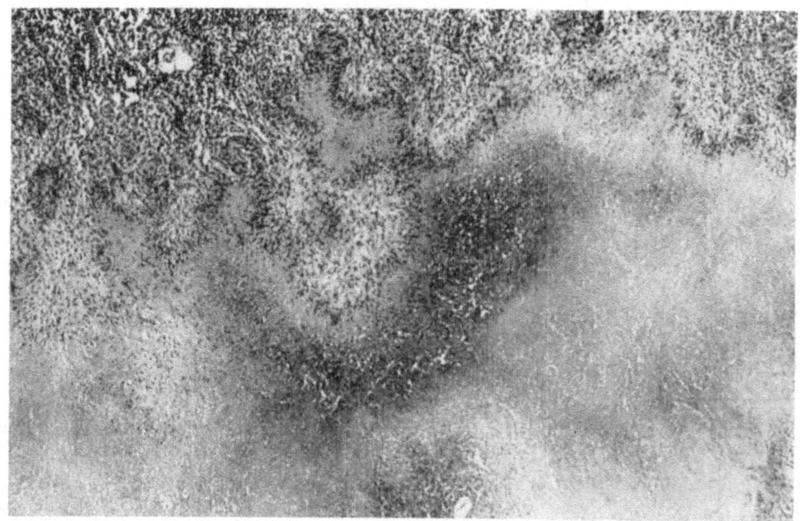

Abb. 13. Käsige Lymphknotentuberkulose. Palisadenstellung der Epitheloidzellen. H.-E., 50×

Tuberkulose in Mund und Rachen zu entfernen bzw. auszuheilen, wozu die Gebiß-Sanierung, Tonsillektomie und „Adenotomie" gezählt wird (BECK, BEHRENDT u. KASTERT 1958; BEHRENDT 1958). Weitere Angaben über die stark differente Häufigkeit der Tonsillentuberkulose in heterogenen Untersuchungsreihen siehe bei BEHRENDT 1958.

Histologie. Nach dem makro- und mikroskopischen Bilde unterscheidet man eine käsige, epitheloidzellige (granulierende, hyperplastische) und eine Mischform. Bei der Caseosa überwiegt die Verkäsung über die Epitheloidzellproliferation, bei der epitheloidzelligen Tuberkulose herrschen Tuberkel mit geringer Verkäsungsneigung vor, und bei der Mischform halten sich Verkäsung und Granulationsgewebe etwa die Waage. Fast nur in verkästen Lymphknoten kommt es zur Verkalkung. Die epitheloidzellige Form neigt dagegen zur Hyalinisierung und Vernarbung.

Die histologischen Frühveränderungen der Tuberkulose sind in den Lymphknoten ebenso unspezifisch wie an anderem Ort (z.B. in den Lungen!). Es findet sich ein leukocyten- und fibrinreiches Exsudat

[1] Chefarzt Dr. KASTERT.

(HUEBSCHMANN 1928; SCHLEUSING 1928/29) und bald auch eine Vermehrung der Reticulumzellen, aus denen sich Epitheloidzellen entwickeln. Die Epitheloidzellen sind oxyphiler und zunächst größer als die Reticulumzellen („saftige Epitheloidzellen"). Sie enthalten reichlich unspezifische Esterase und saure Phosphatase und sind metallophil (d. h. positiv bei der Versilberung nach WEIL-DAVENPORT). Später findet man auch reichlich langgestreckte Epitheloidzellen von geringerer Oxyphilie sowie geringerer Esterase- und saurer Phosphataseaktivität („dürre

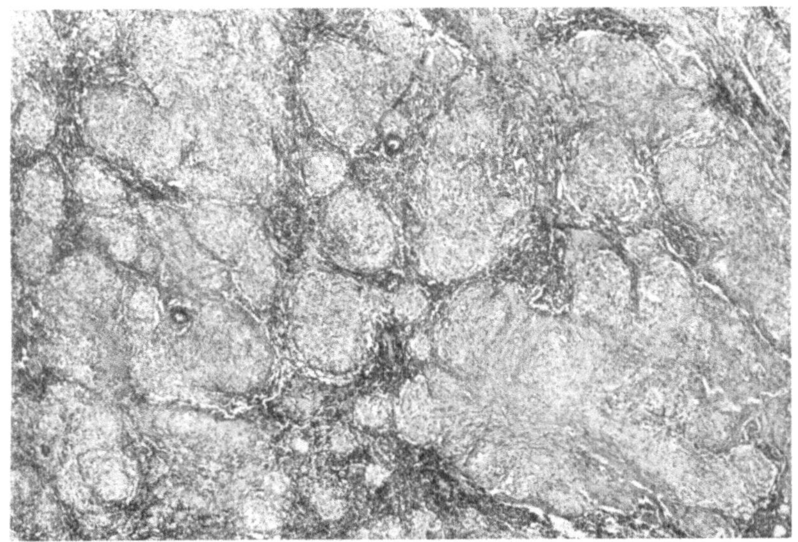

Abb. 14. Epitheloidzellige Tuberkulose. Völlig gleichartiges Bild wie bei Sarkoidose. H.-E., 50×

Epitheloidzellen"). Die Epitheloidzellen schließen sich zu rundlichen Knötchen („Tuberkel") zusammen. Dabei entstehen an der Peripherie der Tuberkel — wohl aus dürren Epitheloidzellen — Fibroblasten, die nun gering basophil und nicht mehr metallophil sind und die an Stelle von Esterase und saurer Phosphatase alkalische Phosphatase enthalten. Diese Zellen bilden nun ein dichtes Fasergeflecht, das von dem Tuberkelrandsaum auch auf die Umgebung übergreift. Hier sieht man außerdem vielfach eine bandförmige Hyalinisierung des Lymphknotenparenchyms.

Aus den Epitheloidzellen entstehen — wohl durch Amitose bei Ausbleiben der Plasmadurchschnürung — die Langhansschen Riesenzellen, die das gleiche Fermentmuster wie die saftigen Epitheloidzellen besitzen und metallophil sind. Der Zentralapparat der Langhansschen Riesenzellen kann bei allen Tuberkuloseformen, besonders aber bei der Epitheloidzelltuberkulose, charakteristische Veränderungen erleiden: Es können sich rundliche geschichtete Gebilde („Schaumannkörper") entwickeln.

Diese sind im Hämatoxylin-Eosinpräparat blau gefärbt. Sie enthalten reichlich Eisen und Calcium. Weiterhin können seestern- oder chrysanthemenartige Strukturen im Plasma („Asteroidkörper") auftreten, die im

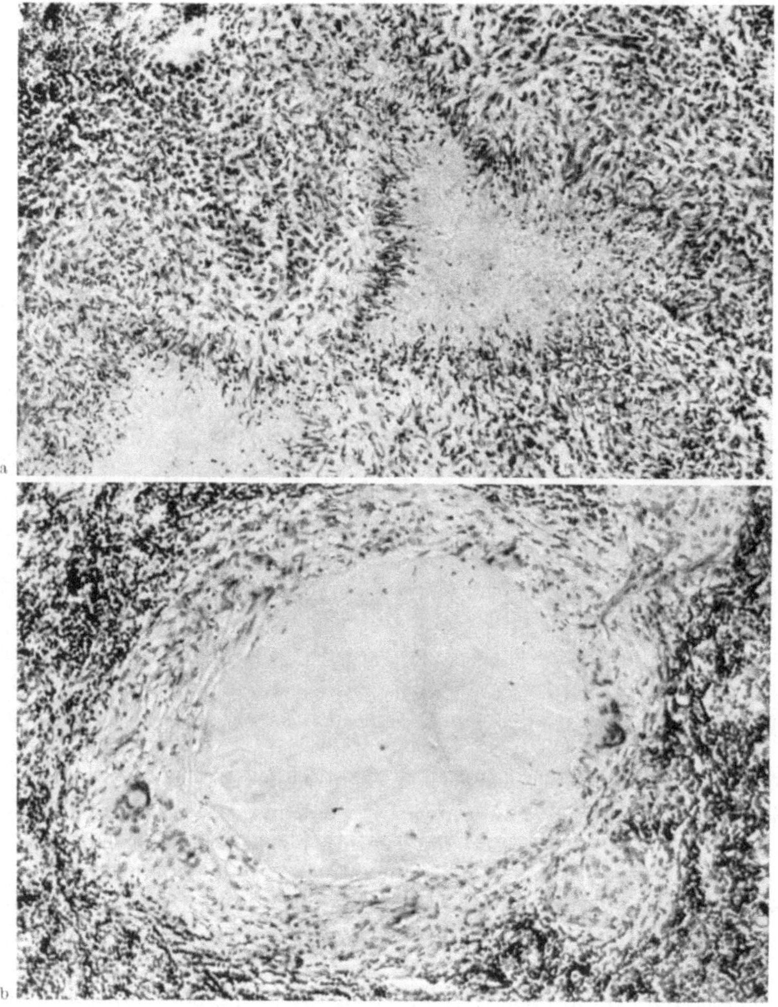

Abb. 15a und b. „Mischform" der Tuberkulose. a Frisch, mit Palisadenstellung der Epitheloidzellen um die kleinen Käseherde. b Alt, mit teilweiser Vernarbung und Hyalinisierung des Käseherdes. Keine Palisadenstellung der Epitheloidzellen mehr. H.-E., 125 ×

Hämatoxylin-Eosinpräparat schwach violett gefärbt, bei Weigertscher Elasticafärbung dagegen deutlich darstellbar sind. Schließlich kommen doppeltbrechende Kristalle von unregelmäßiger Form vor. Sie sind zum Teil in Schaumannkörpern enthalten. Alle diese Einschlüsse der Langhansschen Riesenzellen sind ohne diagnostischen Wert. Sie werden bei Tuberkulose, Sarkoidose, Pilzinfektionen und anderen Gelegenheiten beobachtet.

Die Epitheloidzellen kommen — zusammen mit Langhansschen Riesenzellen — nicht nur innerhalb von Tuberkeln vor, sondern begrenzen auch — palisadenförmig — die größeren Verkäsungsbezirke. Hier überwiegen vor allem die schlanken Formen, die mit ihren langen Plasmaausläufern bis weit in die Verkäsung hineinreichen und hier mit besonderen Methoden, z.B. mit Esterase- oder Adenosintriphosphatase-Reaktion sowie mit Versilberung nach WEIL-DAVENPORT, auch noch dort identifizierbar bleiben, wo bei Hämatoxylin-Eosin- oder Giemsa-Färbung die Verkäsung strukturlos erscheint. In der Außenzone des Epitheloidzellwalles der Käseherde kommt es bald zur gleichen Entwicklung von faserbildenden Fibroblasten wie in der Tuberkelrandzone.

Die tuberkulöse Nekrose kann auf verschiedene Weise zustandekommen und läßt dementsprechend mehrere Formen unterscheiden. Dies gelingt am besten in Faserpräparaten (Versilberung nach GOMORI etc.). Der erste Nekrosetyp ist die primäre direkte Nekrose (Verkäsung), die durch einen raschen Untergang präexistenten Lymphknotengewebes — mit Fibrin, Leukocyten, hyperämischen Gefäßen — gekennzeichnet ist. Den 2. Typ bezeichnen wir als sekundäre direkte Nekrose (Verkäsung), weil der gleiche Vorgang nicht am Lymphknotenparenchym, sondern an einem vorher gebildeten epitheloidzelligen Granulationsgewebe abläuft. Es kommt auch hierbei zu großflächigen Verkäsungen, in denen bei Silberimprägnation eventuell noch die dunkleren „zentralen" und fibrinoiden Nekrosen der Epitheloidzelltuberkel aufscheinen können. Unter indirekter Nekrose (Verkäsung) wird der Epitheloidzelluntergang in den Zentren der Tuberkel verstanden, der einer allmählichen Cytolyse nach Verfettung folgen soll. Schließlich wird seit RICKER u. CLARK (1949) eine fibrinoide oder fibrilläre Nekrose als 4. Typ abgegrenzt. Diese zeigt eine starke Eosinophilie, färbt sich bei van Gieson gelb und bei Versilberung dunkler als die direkte Verkäsung an und spielt sich stets in faserreichen Bezirken der Tuberkelaußenzone, besonders zwischen zwei benachbarten Tuberkeln, ab.

Das lymphatische Restgewebe zeigt bei der Caseosa und der Mischform im allgemeinen einige floride Keimzentren und eine geringe Plasmocytose. Bei der Epitheloidzelltuberkulose sieht man meistens Plasmazellen sowie einige Eosinophile, in der Regel keine Keimzentren.

Das histologische Bild der Lymphknotentuberkulose läßt nach unseren bisherigen Kenntnissen keinen bindenden Schluß auf die Entstehung oder das Stadium der Tuberkulose zu. Käsige Formen kommen als Teil des Primärkomplexes ebenso vor wie als hämatogene Streuherde. Ähnlich unvollkommen ist unser Verständnis der epitheloidzelligen Tuberkulose.

Eine Abhängigkeit des histologischen Bildes vom Tuberkelbakterientyp, wie sie von ENGLERT u. NASSAL (1961) für die tierische Tuberkulose angegeben wird, konnte bislang in menschlichen Lymphknoten nicht festgestellt werden. Auch die Entzündung durch nichttuberkulöse atypische und saprophytäre Mykobakterien (photochromogene Mykobakterien, Mycobacterium marinum usw.) weicht — soweit bisher zu übersehen — histologisch nicht von den Veränderungen ab, die durch Typus humanus und bovinus des Tuberkelbakteriums hervorgerufen werden (Literatur über paratuberkulöse Mykobakterien und ihre Infektion der Halslymphknoten siehe bei SCHMID 1960 und NASSAL 1961). Das histologische Bild der aviären Form der Tuberkulose ist noch ungenügend erforscht.

2. Sarkoidose (M. Besnier-Boeck-Schaumann)[1]

Die Sarkoidose (M. Besnier-Boeck-Schaumann) ist in ihrer nosologischen Stellung zwar noch umstritten; doch häufen sich die Argumente zugunsten der Annahme, daß die Sarkoidose in unseren Breiten als relativ gutartige Generalisationsform der Tuberkulose aufzufassen ist (KALKOFF 1950, 1955; SCHMID 1951 und viele andere Autoren).

Wir definieren die Sarkoidose nach drei Kriterien:

1. Histologisch besteht das Bild der epitheloidzelligen Tuberkulose.

2. Klinisch oder pathologisch-anatomisch sind Zeichen der Generalisation des Prozesses nachweisbar. Die Generalisation betrifft einerseits Lymphknoten, zum anderen verschiedene Organmanifestationen. Was die Lymphknoten anlangt, so findet man sehr häufig eine bilaterale Hiluslymphknotenschwellung, die zumeist mit einer Beteiligung der supraclavikulären Lymphknoten verknüpft ist. Auch zahlreiche andere Lymphknotenregionen können im Laufe der Erkrankung befallen werden. Die an weiteren Organen zu beobachtenden Einzelmanifestationen und Syndrome sind im wesentlichen die folgenden: Uveoparotitis (Heerfordtsches Syndrom, zum Teil auch Mikulicz-Syndrom genannt [FLEISCHER 1910, 1941; UNGER u. SCHMUTZLER 1957]), Iridocyclitis, Miliarlupoid, Lupus pernio, Sarkoid Darier-Roussy, Angio-Lupoid Brocq-Pautrier, Ostitis cystoides multiplex Jüngling. Das Melkersson-Rosenthal-Syndrom ist hier nicht anzuführen.

3. Eine faßbare Ursache der „epitheloidzelligen Granulomatose", wie z. B. Beryllium, Leprabakterien oder Stoffwechselprodukte von Carcinomen, ist nicht aufzufinden. Ja, selbst der Fund von Tuberkelbakterien in den Schnitten macht die Diagnose Sarkoidose sehr fragwürdig (ZETTERGREN 1954), wie denn auch die Tuberkulinreaktion in den fort-

[1] FREIMAN 1948; LEITNER 1949; RICKER u. CLARK 1949; KALKOFF 1950, 1955; F. SCHMID 1951; REFVEM 1954; HEILMEYER, WURM u. REINDELL 1955; LÖFGREN 1955; UEHLINGER 1955, 1957/58; K. WURM 1957; FRESEN 1958 b; SINGER, HENSLER u. FLYNN 1959.

geschrittenen Stadien negativ, allenfalls schwach positiv ist. Auf gleicher Linie liegen die Ergebnisse der Thoraxdurchleuchtung: Die Lungen zeigen in der Regel keine floriden tuberkulösen Veränderungen und oft auch keine Kalkherde oder andere Abheilungszeichen (Zettergren 1954).

Wir sehen also, daß sich die Diagnose Sarkoidose *niemals* auf das histologische Bild allein stützen kann. Im Lymphknotenschnitt ist die Sarkoidose von der epitheloidzelligen Tuberkulose und von anderen großherdigen Epitheloidzellreaktionen nicht zu unterscheiden. Bezüglich der Morphologie können wir somit auf die Beschreibung der epitheloidzelligen Tuberkulose verweisen. Zur Abgrenzung der epitheloidzelligen Tuberkulose von der Sarkoidose hat Zettergren 1954 eine umfangreiche Studie vorgelegt, welche die Grundlage für die Tab. 3 bildet. Aus dieser sind alle wichtigen differentialdiagnostischen Kriterien zu ersehen.

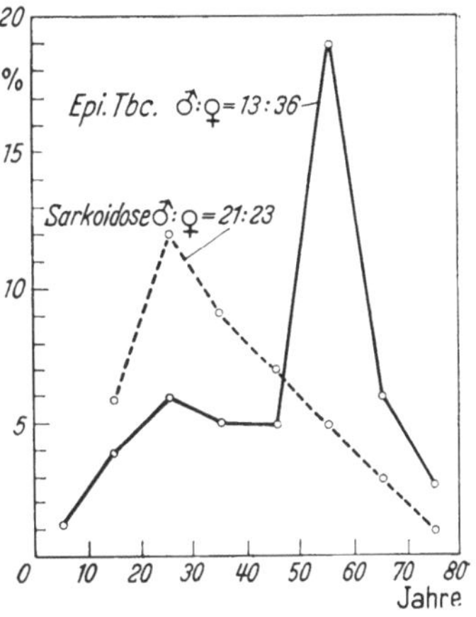

Abb. 16. Vergleich der Alterskurve bei Sarkoidose und epitheloidzelliger Tuberkulose. Beachte die Differenz der Gipfel: Sarkoidose im frühen, Tuberkulose im späten Erwachsenenalter. Nach 44 Sarkoidosen und 49 epitheloidzelligen Tuberkulosen (eigene Beobachtungen)

Schon die Alterskurve (Abb. 16) der Epitheloidzelltuberkulose scheint von derjenigen der Sarkoidose abzuweichen: Das Maximum der Epitheloidzelltuberkulose liegt im 6. Jahrzehnt, das der Sarkoidose im 3. Jahrzehnt. Auch dürfte das weibliche Geschlecht bei der epitheloidzelligen Tuberkulose erheblich überwiegen, während die Sarkoidose in unserem Untersuchungsgut eine geringe Häufung beim männlichen Geschlecht aufweist (siehe aber noch Wurm 1957). Die epitheloidzellige Tuberkulose ist meist am Kieferwinkel, nur selten im supraclavikulären Bereich lokalisiert, die Sarkoidose dagegen kommt viel häufiger supraclavikulär — als letzter Ausläufer der bilateralen Hiluslymphknotenschwellung — denn im übrigen Halsbereich vor. Die Größe des Lymphknotens und die histologischen Veränderungen zeigen nach Zettergren zwar gewisse Charakteristica, doch können wir in praxi damit kaum etwas anfangen. Allein der Tuberkelbakteriennachweis im Schnitt läßt die epitheloidzellige Tuberkulose von der Sarkoidose mit Wahrscheinlichkeit unterscheiden. Dagegen bestimmt das klinische Bild unsere diagnostischen Erwägungen wesentlich mit: Die epitheloidzellige Tuberkulose besteht oft etliche Jahre ohne jegliche Allgemeinerscheinungen und Progredienz. Die Sarkoidose weist eine buntere Symptomatologie auf. Oft ist eine bilaterale Hiluslymphknotenschwellung mit oder ohne Erythema nodosum nachweisbar.

Tabelle 3. *Differentialdiagnose von epitheloidzelliger Tuberkulose und Sarkoidose* (Nach den Untersuchungen von ZETTERGREN 1954, ergänzt durch eigene Befunde)

	Epitheloidzellige Tuberkulose	Sarkoidose
Vorkommen:		
Altersgipfel	50.—60. Lebensjahr	20.—30. Lebensjahr
Geschlechtsverteilung	♀ > ♂	♂ > ♀
Lokalisation der Lymphknoten	besonders Hals (Kieferwinkel!), meist *eine* Region	besonders supraclaviculär, meist *mehrere* Regionen, auch generalisiert
Größe der Lymphknoten	größer	kleiner
Histologie:		
Übersichtsbild	meist etwas vielgestaltigere, oft konfluierte Tuberkel	meist monotoneres Bild, seltener konfluierte Tuberkel
Langhanssche Riesenzellen	meist reichlich	oft spärlich oder fehlend
Schaumann-Körper	etwas häufiger (22%)	seltener (10%)
Asteroid-bodies	selten (5%)	häufiger (28%)
„echte" Verkäsung	etwas häufiger (21%)	selten (7%)
fibrilläre Nekrose	häufig (69%)	seltener (28%)
Fibrose der Tuberkel	etwas geringer	etwas stärker
Tuberkelbakterien im Schnitt	+, aber wenige	∅
Klinik:		
Symptomatologie	meist nur solitäre Lymphknotenschwellung, jahrelang bestehend	bunter, eventuell Erythema nodosum
BSG	o.B.	meist erhöht
Beiderseit. Hilusschwellung	selten +	meist +
Kalkherde in Lunge und/oder Hilus	gelegentlich +	extrem selten
Banale Tuberkulose vorher	gelegentlich +	extrem selten
Banale Tuberkulose nachher	selten +	etwas häufiger +
Tuberkulin-Reaktion (1 mg)	fast stets ++	meist ∅

Die Tuberkulinreaktion ist bei der epitheloidzelligen Tuberkulose stets stark positiv, bei der Sarkoidose meist negativ, manchmal auch schwach positiv. Während bei der epitheloidzelligen Tuberkulose nicht selten „banale" Tuberkulosen vorausgehen (Kalkherde in der Lunge!), ist dies bei der Sarkoidose nicht der Fall. Dagegen enden Sarkoidosen nicht ganz selten als „banale" Tuberkulosen, weitere Manifestationen der epitheloidzelligen Tuberkulose erfolgen jedoch im allgemeinen nicht. Wertvolle diagnostische Maßnahmen sind die Prae-Scalenus-Biopsie nach DANIELS (siehe S. 2 u. Referat von BECKER) und der Kveim-Test. Diese Intracutanreaktion wird ähnlich wie der Frei-Test mit einer Supension von Sarkoidose-Lymphknoten durchgeführt. Sie scheint spezifisch für die Sarkoidose zu sein, fällt jedoch nur in etwa 90% der Fälle positiv aus. K. WURM hat 1957 seine reichen Erfahrungen mit dem Kveim-Test mitgeteilt, und dabei etwas Wasser in den Wein gießen müssen:

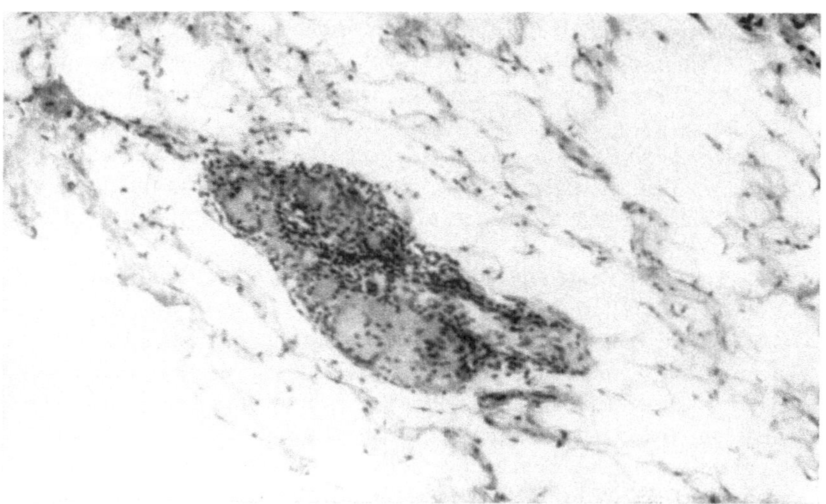

Abb. 17. Prae-Scalenus-Biopsie bei Sarkoidose. Kleines Epitheloidzellgranulom mit Langhansschen Riesenzellen im Fettgewebe. H.-E., 125 ×

1. Das injizierte Antigen muß selbst hergestellt werden, käufliches Antigen gibt es bis heute nicht.

2. Nicht jeder Lymphknoten eignet sich zur Herstellung eines wirksamen Antigens.

3. Die markierte Impfstelle muß lange Zeit beobachtet werden und ist bei schwachem Ausfall der Reaktion noch histologisch zu untersuchen.

4. Bisweilen kommt es zu sehr starken Reaktionen, die schlecht heilende Geschwüre hervorrufen.

3. Brucellose[1]

Infektionen mit Rinder-, Ziegen- oder Schweinebrucellen (Bangsche Krankheit, Maltafieber, Traumsche Krankheit) sind hierzulande nicht häufig, werden aber sicherlich oft nicht erkannt. Eine Beteiligung der Halslymphknoten ist selten, sie kommt vor allem beim septikämischen Typ der Brucellose vor (JANBON u. BERTRAND 1955). Die Infektion erfolgt

[1] v. ALBERTINI u. LIEBERHERR 1937; JANBON u. BERTRAND 1955; LÖFFLER, MORONI u. FREI 1955; STEIGER 1955.

zumeist über den Verdauungstrakt, besonders durch Genuß verseuchter Milch, sowie über die Haut (durch kleine Verletzungen, z. B. in Schlachtereien). Histologisch bestehen oft unspezifische Veränderungen (besonders Sinuskatarrh), häufiger dagegen epitheloidzellige Granulome, die von Tuberkeln nicht sicher abgegrenzt werden können. Immerhin hat Roulet (1956) versucht, Unterscheidungsmerkmale zu erarbeiten. Gelegentlich kommen auch kleine oder sehr selten auch größere käseartige Nekrosen vor. In wenigen Fällen findet man kleine Nekroseherde mit einigen zerfallenden Granulocyten. Ausnahmsweise werden auch rundliche Mikroabscesse beobachtet. Eine sichere histologische Erkennung ist nicht möglich. Man muß daher bakteriologisch-serologische Methoden (Agglutinations- und Komplementbindungsreaktion, Blocking-Test bzw. Brucella-Coombs-Test, Burnetsche Intracutanreaktion) anwenden (siehe Löffler, Moroni u. Frei 1955; Wundt 1958).

4. Tuberkuloide (sarkoidartige, epitheloidzellige) Reaktion bei Carcinomen[1]

In den regionären Lymphknoten von Carcinomen sind bereits vor einigen Jahrzehnten tuberkuloseartige Veränderungen beschrieben worden (Herxheimer 1917 und früher), die im neueren amerikanischen Schrifttum unter der Bezeichnung „sarcoid-like lesions" und ähnlichen Benennungen erneut Beachtung fanden (Nickerson 1937; Nadel u. Ackerman 1950; W. St. C. Symmers 1951 b). Diese sarkoidartigen Lymphknotenveränderungen müssen von der echten Kombination Carcinom-Tuberkulose unterschieden werden. Eine solche Kombination ist auch bei Carcinomen des Rachen- und Kehlkopfbereiches beschrieben und durch den Tuberkelbakteriennachweis gesichert worden (ältere Literatur bei von Lénart 1918). Auch Leicher hat 1926 in Ihrem Kreise von derartigen Kombinationsfällen berichtet. Freilich ist es heute retrospektiv nicht möglich, ohne genaue histologische Daten und bakteriologische Befunde zu entscheiden, ob die mitgeteilten Kombinationsfälle tatsächlich alle als Tuberkulosen angesehen werden können. Dies ist nur zulässig, wenn eine Verkäsung größeren Ausmaßes oder Tuberkelbakterien nachgewiesen wurden. Die nicht verkästen, „epitheloidzelligen" Tuberkulosen ohne Tuberkelbakterien müssen sicher zum großen Teil als carcinomregionäre sarkoidartige Veränderungen umgedeutet werden.

Vorkommen. Die absolute Häufigkeit der epitheloidzelligen Reaktion bei Carcinomen läßt sich schwer angeben, zumal sie bei verschiedenen Carcinomformen verschieden ist. Wuketich (1959) fand bei 500 Operationspräparaten von malignen Geschwülsten in den regionären Lymphknoten 29mal eine tuberkuloide Reaktion. In unserem Untersuchungsgut

[1] Herxheimer 1917; Nickerson 1937; Nadel u. Ackerman 1950; W. St. C. Symmers 1951 b; Gorton u. Linell 1957; Wuketich 1959.

kamen auf 78 epitheloidzellige Tuberkulosen und Sarkoidosen 14 sarkoidartige Reaktionen.

In Halslymphknoten ist die epitheloidzellige Reaktion auf Carcinome wahrscheinlich selten. Sie wurde z. B. bei Parotis-, Zungen-, Schilddrüsen-, Mundhöhlen- und Ohrmuschelcarcinomen beschrieben. Nekrotischer Zerfall des Tumors, besonders nach Bestrahlung, begünstigt die Entwicklung der Lymphknotenreaktion, die durch Stoffwechsel- und vor

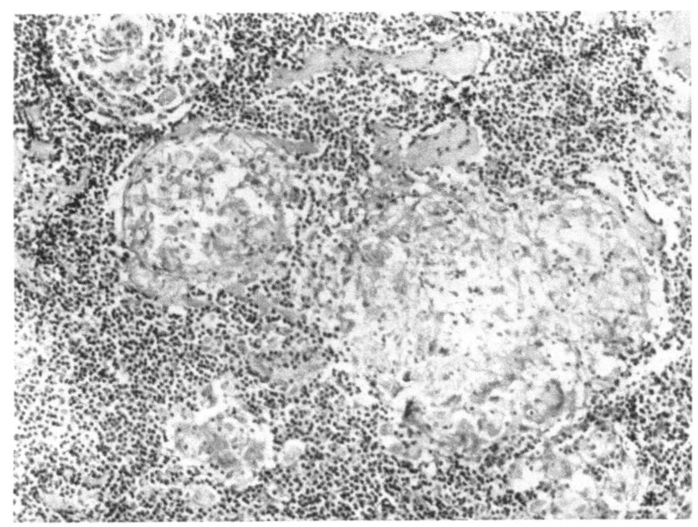

Abb. 18. Tuberkuloide Reaktion (sarcoid-like lesion) bei Zungencarcinom im Quellgebiet. Zustand nach Betatronbestrahlung des Carcinoms. Lymphknoten der Halsgefäßscheide. H.-E., 125 ×

allem Abbauprodukte des Tumors ausgelöst sein dürfte. Dagegen hat der histologische Geschwulsttypus keinen faßbaren Einfluß auf die Entstehung der sarkoidartigen Veränderungen.

Die tuberkuloide Lymphknotenreaktion soll Ausdruck einer „vitalen mesenchymalen Abwehr" sein (HEINZMANN 1958); jedenfalls ist die Prognose nicht schlechter, eher sogar besser als bei Fällen ohne die Lymphknotenveränderung (GORTON u. LINELL 1957; WUKETICH 1958).

Histologie. Es besteht seltener eine kleinherdige als eine großherdige Epitheloidzellreaktion. Oft sind typische Tuberkel entwickelt, manchmal bilden die Epitheloidzellen uncharakteristische große Ansammlungen, die — im Gegensatz zur Tuberkulose — auch oft in Sinus liegen. Fremdkörper- und Langhanssche Riesenzellen kommen, auch mit Schaumann- oder Asteroidkörpern, vor. Selbst kleine Nekrosen bzw. Verkäsungen werden beobachtet. Die Restpulpa zeigt gelegentlich eine starke Hyalinisierung. Eine gleichzeitige Carcinominfiltration des Lymphknotens ist nur manchmal zu verzeichnen.

Die Epitheloidzellreaktion ist keineswegs von Tuberkulose, Sarkoidose und anderen Epitheloidzellproliferationen ohne weiteres zu unterscheiden. Sie kann nur unter Berücksichtigung klinischer bzw. autoptischer Angaben einigermaßen sicher erschlossen werden: Allein wenn die Lymphknotenveränderung ausschließlich im Abflußgebiet einer malignen Geschwulst besteht und sonst keine Zeichen von florider Tuberkulose oder Sarkoidose nachweisbar sind, darf eine tuberkuloide Lymphknotenreaktion mit Wahrscheinlichkeit angenommen werden. Wir werden in dieser Annahme bestärkt, wenn wir um einen starken Zerfall der Primärgeschwulst, z.B. nach Röntgenbestrahlung, wissen. Durch bakteriologische und bakterioskopische Untersuchungen läßt sich die Diagnose noch weiter sichern. Eine letzte Stütze der Diagnose stellt die Berücksichtigung einiger histologischer Kennzeichen dar, die zwar nicht immer nachweisbar, jedoch von gewissem Wert sind, wenn man sie findet. Vor allem die intrasinuöse Entwicklung der Epitheloidzellen und die Bildung von Epitheloidzellgruppen, welche ungeordneter und manchmal auch lockerer gelagert sind als bei Tuberkulose, sprechen zugunsten einer sarkoidartigen Reaktion.

5. Melkersson-Rosenthal-Syndrom[1]

Recidivierende Fascialislähmungen und Lippenschwellungen mit oft nachweisbarer Lingua plicata nennt man Melkersson-Rosenthal-Syndrom. Hierbei kommen selten Halslymphknotenschwellungen vor. Diese sind durch das Auftreten von Epitheloidzellgruppen und Epitheloidzell-„Tuberkeln", unter anderem innerhalb von Keimzentren, sowie durch eine unreife Sinushistiocytose und eine chronische Perilymphadenitis gekennzeichnet. Das histologische Bild zeigt, daß es sich nicht um eine Sarkoidose handelt, sondern daß eine größere morphologische Verwandtschaft zur Piringerschen Lymphadenitis (Toxoplasmose) gegeben ist.

IV. Lymphadenitiden mit Blutbildveränderungen

In dieser Gruppe fassen wir alle jene Lymphknotenerkrankungen zusammen, die Blutbildveränderungen nach Art eines Pfeifferschen Drüsenfiebers aufweisen *können*; d. h. im Blut findet man lymphoide, monocytoide und plasmacelluläre Formen. Ätiologisch sind vor allem zahlreiche Virusinfektionen und auch Überempfindlichkeitsreaktionen anzuschuldigen. Sie gehen häufig mit weit verbreiteten Lymphknotenschwellungen einher. Die wichtigsten hierzugehörigen Lymphadenitiden sind diejenigen des Pfeifferschen Drüsenfiebers, der Röteln, der Listeriose und der Toxoplasmose. Unter den hyperergischen Reaktionen zogen in letzter Zeit vor allem die Hydantoinschäden die Aufmerksamkeit auf sich.

[1] Hering u. Scheid 1954; Schuppener 1956; Schuermann 1958.

Die Kenntnis der im Blut kreisenden Zellen ist für den Hals-, Nasen-, Ohrenarzt sehr wichtig; gehen doch die Lymphadenitiden dieser Gruppe vielfach mit Amygdalitiden und besonderem Befall der Halslymphknoten einher. Die Untersuchung eines Blutausstriches läßt rasch und zuverlässig die Besonderheit des Krankheitsbildes erkennen und bösartige Infektionen, speziell die Rachendiphtherie, ausschließen. Aus diesem Grunde

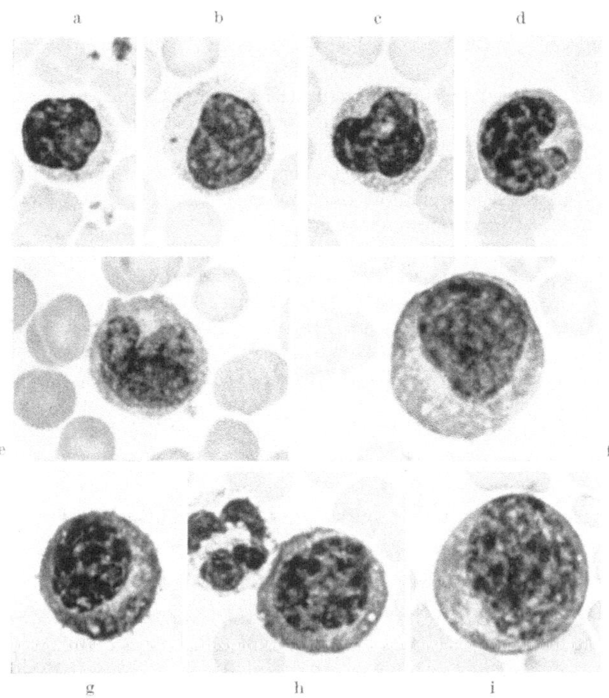

Abb. 19a—i. Die verschiedenen „Agranulocyten" im Blutausstrich bei Pfeifferschem Drüsenfieber (und ähnlichen Erkrankungen). a Alter Lymphocyt (unregelmäßige Kontur des Kernes!); b junger (großer) Lymphocyt; c „Lymphoidzelle" (vielgestaltiger Kern mit grobem Chromatin); d „Lymphomonocyt" (monocytoider gelappter Kern mit grobem Chromatin); e „echter Monocyt" (typische Kernform, feines Chromatin); f sog. Monoblast (deutliche helle Nukleolen, mäßig basophiles vacuolisiertes Plasma); g Plasmazelle (grobscholliges Chromatin, perinukleäre Aufhellung, tiefbasophiles Plasma mit kleinen Vacuolen); h Proplasmazelle (etwas größerer Kern und relativ schmaleres tiefbasophiles Plasma mit kleinen Vacuolen); i Plasmoblast (exzentrischer großer ovaler Kern, tiefbasophiles geschummertes Plasma). Pappenheim 1250 ×

sollen die einzelnen Zelltypen, wie wir sie in morphologischen und cytochemischen Untersuchungen abgrenzen konnten, kurz beschrieben werden.

Wir unterscheiden bei den genannten Lymphadenitiden im Blutausstrich außer den Granulocyten folgende neun Zelltypen:

1. Kleine = alte Lymphocyten. Sie besitzen einen kleinen zum Teil rundlichen Kern, der sich kräftig anfärbt und in einem schmalen gering basophilen Plasma liegt.

Der Kern ist jedoch nicht selten vielgestaltig („monocytoid"), oft nierenförmig oder tief eingekerbt wie bei den größeren Formen.

2. Große = junge Lymphocyten. Der Kern ist rundlich oder leicht eingedellt. Im schwach blau gefärbten Plasma sind oft Vacuolen und Azurgranula nachweisbar.

3. „Lymphoidzellen". Die Zellen gleichen weitgehend den großen Lymphocyten; doch ist der Kern vielgestaltig, oft bohnenförmig. Das Plasma ist im Durchschnitt etwas breiter.

4. „Lymphomonocyten". Diese Zellen sind etwas kleiner oder ebenso groß wie echte Monocyten, das Chromatin erscheint aber gröber, der Kern kann rund oder eingebuchtet sein. Das Plasma ist nicht grau, sondern blau wie das der Lymphocyten.

5. „Echte" Monocyten. Die polymorphen Kerne mit feinem Chromatin werden von einem breiten, graublauen Plasma umgeben, das oft feinste Azurgranula enthält.

6. „Monoblasten". Das Plasma ist ebenfalls breit, aber basophiler als das der Monocyten. Der Kern ist rundlich, oval bis polyedrisch, dagegen nicht gebuchtet oder gelappt, seine Chromatinstruktur ist fein.

7. Plasmazellen. Das Plasma dieser und der beiden folgenden Zellen unterscheidet sich von allen übrigen Elementen des Blutausstriches durch seine starke Basophilie („Deckblau"). Es enthält außerdem oft kleine Vacuolen. Der Kern ist rund und liegt zumeist exzentrisch. Er weist ein grobscholliges stark gefärbtes Chromatingerüst auf.

8. Proplasmazellen. Der rundliche Kern dieser Zelle ist etwas größer und meist zentral gelagert. Das Plasma gleicht im übrigen weitgehend der Plasmazelle.

9. Plasmoblast. In dieser Zelle ist ein noch größerer Kern enthalten. Dieser ist oval und liegt etwas exzentrisch. Seine Achse steht senkrecht auf der Plasmaachse, die wiederum stark basophil ist.

Diese neun „Agranulocyten" des Blutes kommen bei den verschiedenen Krankheitsbildern in verschiedener Zahl vor. Auch innerhalb der Krankheitsphasen wechselt die Zusammensetzung der Blutzellen. Beim Pfeifferschen Drüsenfieber und der Listeriose überwiegen die lymphoiden und monocytoiden Formen, nur zu Beginn sieht man auch mäßig reichlich Elemente der Plasmazellreihe. Diese herrschen bei Röteln stets vor. Bei Toxoplasmose sind es vorwiegend monocytoide Formen, die jedoch nur in mäßiger Zahl im Blute kreisen. Der Hydantoinschaden setzt ähnliche Blutbildveränderungen wie das Pfeiffersche Drüsenfieber.

1. Morbus Pfeiffer (infektiöse Mononucleose)[1]

Definition. Für den Morbus Pfeiffer ist eine Vielzahl von Bezeichnungen geschaffen worden. Wir nennen die wichtigsten Synonyma: Pfeiffersches Drüsenfieber, Lymphoidzellenangina, Monocytenangina, lymphoides Drüsenfieber, glandular fever, akute benigne Lymphoblastose, akute Lymphadenose.

Die Blutbildveränderungen des Morbus Pfeiffer sind zwar charakteristisch, reichen jedoch zur Abgrenzung des Pfeifferschen Drüsenfiebers

[1] Gall u. Stout 1940; Custer u. Smith 1948; Siede 1949; Leibowitz 1953; Simrock, Hörner, Borsche u. Haussmann 1954; Hoagland u. Hill 1955.

nicht aus. Allein durch den Nachweis des Erregers, eines „lymphotropen" Virus, ließe sich der Morbus Pfeiffer eindeutig definieren. Leider ist dieser Nachweis mit den üblichen virologischen Methoden heute noch nicht zu erbringen. Wir sind daher auf Indizienbeweise angewiesen, von denen der Paul-Bunnell-Test die größte Bedeutung hat. Aber auch diese Reaktion ist nicht immer und oft nur wenige Tage positiv.

Vorkommen. Die infektiöse Mononucleose befällt vorwiegend Kinder und jugendliche Erwachsene bis zum 30. Lebensjahr. SIMROCK, HÖRNER, BORSCHE u. HAUSSMANN (1954) fanden einen 1. Altersgipfel im 1. Lebensjahrfünft und einen 2. Gipfel im 4. Lebensjahrfünft (siehe Abb. 20). Das männliche Geschlecht scheint zu überwiegen. Bei SIMROCK u. Mitarb. war das Verhältnis ♂:♀ = 1,62:1. Epidemisches Auftreten wurde wiederholt mitgeteilt, z.B. unter Studenten. Die Inkubationszeit beträgt 4—10 Tage, selten bis 21 Tage. Eine sichere jahreszeitliche Häufung konnten SIMROCK u. Mitarb. nicht feststellen, doch scheint die Erkrankungszahl in den Monaten April bis Juni etwas erhöht zu sein.

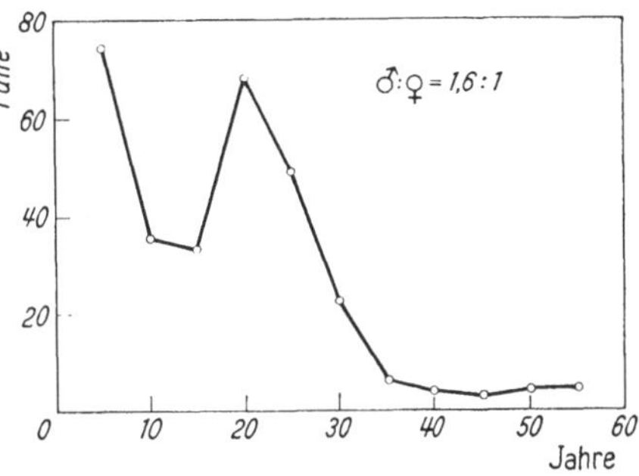

Abb. 20. Altersverteilung beim Pfeifferschen Drüsenfieber. In Anlehnung an SIMROCK, HÖRNER, BORSCHE u. HAUSSMANN (1954)

Histologie. Die Hauptkennzeichen des Pfeifferschen Drüsenfiebers sind die bunte Pulpahyperplasie und die unreife Sinushistiocytose. In der Pulpa sind vermehrt Reticulumzellen, basophile Stammzellen und die Zellen zu finden, die im Blute kreisen (Lymphocyten und Lymphocytenvorstufen, Plasmazellen und Plasmazellenvorstufen). Die lymphoiden und monocytoiden Zellen kann man im Lymphknoten selbst jedoch kaum als solche identifizieren. Dies gelingt nur in den efferenten Lymphgefäßen. Keimzentren sind in späteren Stadien vorhanden. Auch kann es bei längerer Krankheitsdauer zum Auftreten kleinerer Epitheloidzellgruppen kommen, wodurch das Bild einer Piringerschen Lymphadenitis hervorgerufen wird.

2. Röteln (Rubeolae)[1]

Die praktisch immer gutartig verlaufende Erkrankung geht mit einer Lymphknotenschwellung am Hals, besonders im Nackenbereich, einher. Diese Lymphknotenschwellung ist das erste und letzte Symptom der Erkrankung, sie tritt bereits 2—4 Tage vor dem Exanthem auf und kann 6 Wochen nach Abklingen des Exanthems noch bestehen. Histologisch

[1] GLANZMANN 1952.

sieht man zur Zeit des Exanthems eine starke Stammzellhyperplasie (v. ALBERTINI 1936). Die Stammzellen sind nach eigenen Untersuchungen als unreife Plasmazellvorstufen (Plasmoblasten, Proplasmoblasten) aufzufassen (Abb. 3). Sie enthalten zahlreiche Vacuolen in dem stark

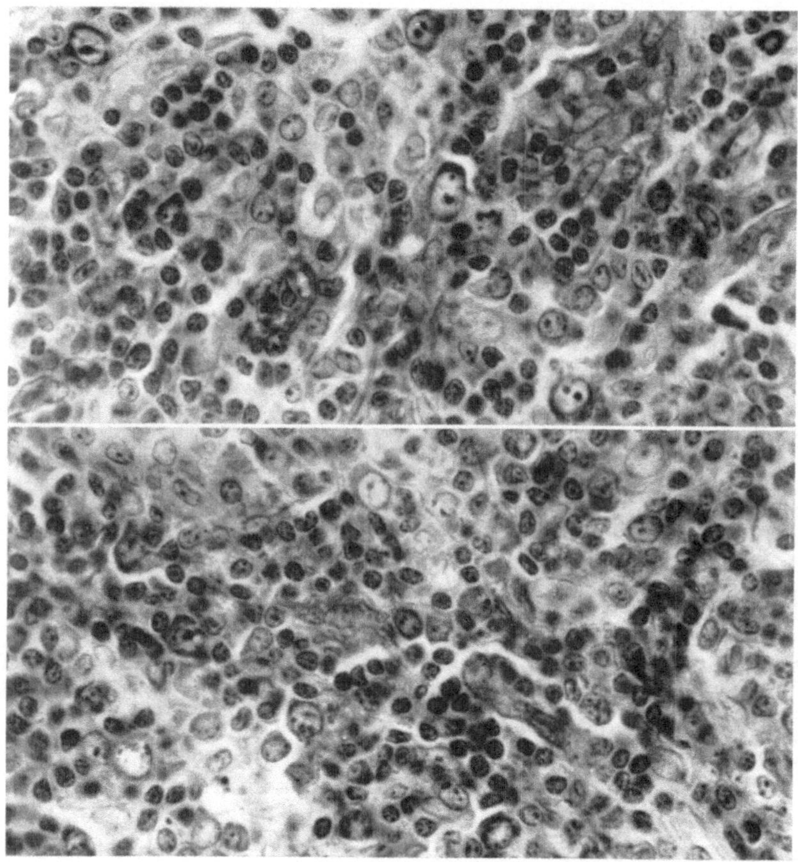

Abb. 21. Pfeiffersches Drüsenfieber. Bunte Pulpahyperplasie mit zahlreichen basophilen Stammzellen, Lymphoblasten, lymphoiden Formen und Lymphocyten. Azur-Eosin, 625 ×

basophilen Plasma und entwickeln sich in „lymphatische“ Plasmazellen weiter. Durch die Sinus und efferenten Lymphgefäße werden reichlich Plasmoblasten, Proplasmazellen und Plasmazellen ausgeschwemmt und gelangen somit über die Lymphe ins Blut. Die Identifizierung dieser „lymphatischen“ Plasmazellen geht auf die Untersuchungen von MOESCHLIN (1941) an Lymphknotenpunktaten und Blutausstrichen zurück.

3. Listeriose[1]

Die anginös-septische Form der Listeriose geht mit dem klinischen, hämatologischen und histologischen Vollbild des Pfeifferschen Drüsenfiebers einher (NYFELDT 1929, 1932). Davon ist die cervico-glanduläre Form abzugrenzen, die histologisch als eitrig-abscedierende Lymphadenitis imponiert (SEELIGER 1958).

4. Toxoplasmose[2]

Vorkommen. Die Lymphknotentoxoplasmose ist nach der Tuberkulose und der unspezifischen Lymphadenitis die häufigste entzündliche Erkrankung der Halslymphknoten und nimmt in letzter Zeit immer mehr zu, nachdem sie vor 1950 praktisch nicht aufgetreten war. Sie hat neuerdings auch im Hals-, Nasen-, Ohrenärztlichen Schrifttum Beachtung gefunden (BECKER u. MATZKER 1962).

Die Erkrankung kommt am häufigsten im 3. Lebensjahrzehnt vor, nach dem 4. Jahrzehnt ist sie selten. Unser jüngster Patient war 8 Jahre, der älteste 70 Jahre alt. Das weibliche Geschlecht erkrankt etwas häufiger als das männliche, das Geschlechtsverhältnis beträgt in 173 eigenen Fällen von „Piringerscher Lymphadenitis" 1:1,4 ∼ ♂:♀.

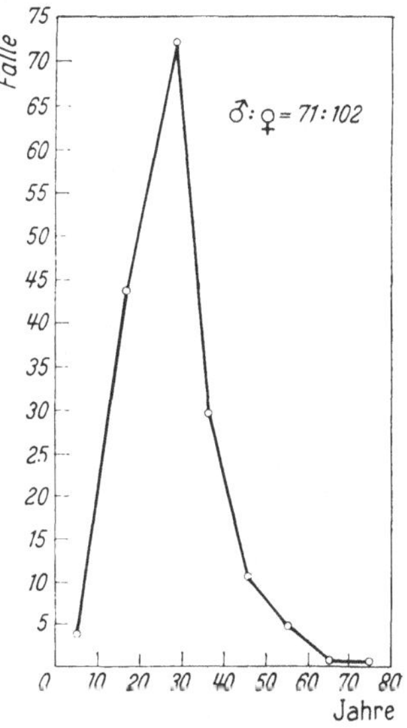

Abb. 22. Altersverteilung bei Piringerscher Lymphadenitis (Toxoplasmose). Nach 173 selbst beobachteten Fällen

Drei Viertel aller von uns beobachteten Lymphknotentoxoplasmosen waren im Halsbereich lokalisiert. Das restliche Viertel betraf vorwiegend die axillären einschließlich der pektoralen Lymphknoten, während aus der Leiste nur 3% aller untersuchten Lymphknoten stammten.

Histologie. Die Lymphknotentoxoplasmose ist morphologisch zumeist identisch mit dem von Frau PIRINGER-KUCHINKA 1953 beschriebenen histologischen Bild (Piringersche Lymphadenitis). Dieses ist gekennzeichnet durch eine kleinherdige Epitheloidzellreaktion, eine follikuläre lymphatische Hyperplasie, eine unreife Sinushistiocytose und eine Perilymphadenitis. Die Epitheloidzellherde liegen in der Pulpa, Kapsel und/oder den Keimzentren. Gerade diese Lokalisation ist charakteristisch. Außerdem sind die Reticulumzellen der Keimzentren meist stark vergrö-

[1] NYFELDT 1932; SEELIGER 1958.

[2] SIIM 1951, 1952, 1953, 1956; PIRINGER-KUCHINKA 1953; MARSHALL 1956; PIRINGER-KUCHINKA, MARTIN u. THALHAMMER 1958; ROTH u. PIEKARSKI 1959; JECKELN 1960; KABELITZ 1962; KIRCHHOFF u. KRÄUBIG 1962.

ßert und mit Kerntrümmern angefüllt. Die Kerntrümmer wurden vielfach für Toxoplasmen gehalten. Toxoplasmacysten haben u. a. JECKELN (1960), BÖHM (1962) und wir selbst nachgewiesen. Sie lassen sich nur

Abb. 23. Piringersche Lymphadenitis (Toxoplasmose). Von links nach rechts: Perilymphadenitis, unreife Sinushistiocytose (heller Streifen), Pulpahyperplasie mit zahlreichen kleinsten Epitheloidzellgruppen. H.-E., 75 ×

selten auffinden. Die Pulpa zeigt eine bunte Hyperplasie und Vermehrung der basophilen Stammzellen und Reticulumzellen. Gelegentlich kommen kleine und größere Nekrosen in der Rindenpulpa oder in den Sinushistiocytosen vor.

Neben diesem wohlumrissenen histologischen Bild findet man in einzelnen (chronischen?) Fällen allein eine kleinherdige Epitheloidzellreaktion in der Pulpa (und Kapsel), jedoch ohne follikuläre lymphatische Hyperplasie und Sinushistiocytose und ohne stärkere Pulpahyperplasie. Diese Veränderungen lagen in dem Fall einer fünf Jahre beobachteten

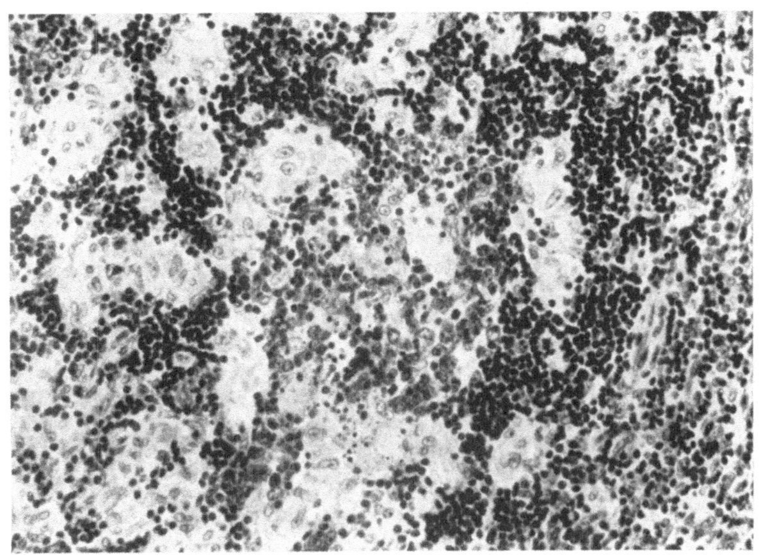

Abb. 24. Piringersche Lymphadenitis (Toxoplasmose). Zahlreiche Epitheloidzellgruppen in einem Keimzentrum und dessen Umgebung. Keimzentrumsgrenze dadurch verwischt. Zahlreiche Kerntrümmer. H.-E., 250 ×

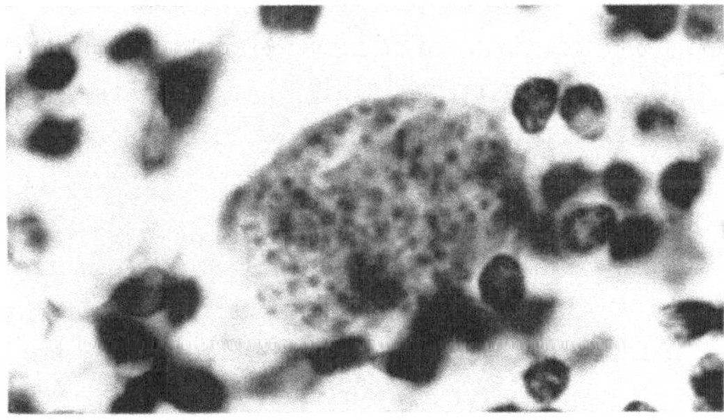

Abb. 25. Toxoplasmacyste im lymphatischen Gewebe bei Piringerscher Lymphadenitis. Präparat Prof. Dr. JECKELN. H.-E., 1250 ×

Erwachsenentoxoplasmose vor, der von BECKER u. MATZKER 1962 klinisch und von uns ausführlich histologisch (LENNERT 1961 a, S. 358 ff.) beschrieben wurde und der erst bei der Sektion (im Pathologischen Institut Frankfurt) erkannt worden war. In einem weiteren Fall sahen wir eine subtotale Nekrose des Lymphknotens ohne Epitheloidzellproliferation.

5. Hydantoinschaden[1]

Bei Anwendung des Antiepilepticums Hydantoin oder eines seiner Abkömmlinge (Mesantoin etc.) kann es unter anderem zu einer Überempfindlichkeitsreaktion des lymphatischen Gewebes mit Lymphknotenschwellung und Pfeiffer-artigem Blutbild kommen. Die Lymphknoten zeigen histologisch unter anderem eine bunte Pulpahyperplasie und/oder ausgedehnte Nekrosen.

V. Seltenere Lymphadenitiden

In diesem Kapitel sollen Lymphadenitiden kurz abgehandelt werden, die im Halsbereich nur als Nebenbefunde bei dominierenden Grundkrankheiten auftreten oder die wegen ihrer Seltenheit in Mitteleuropa geringere Aufmerksamkeit erheischen.

Zunächst sind die Lymphadenitiden bei den sogenannten *Kollagenkrankheiten* kurz zu erwähnen. Bei primär chronischer Polyarthritis können auch die Halslymphknoten vergrößert sein. Sie zeigen histologisch eine starke follikuläre lymphatische Hyperplasie und einen Sinuskatarrh, oft auch eine Plasmocytose. Beim Lupus erythematodes sind von den verschiedensten Regionen am häufigsten die Halslymphknoten befallen. Die bioptische Untersuchung läßt im allgemeinen nur uncharakteristische hyperplastische Veränderungen (besonders Plasmocytose) erkennen, gelegentlich kommen Nekrosen vor. Einmal fanden wir reichlich L.E.-Zellen im Tupfpräparat, vereinzelt auch im Lymphknotenschnitt.

Die *Lues* ist nur ausnahmsweise aus den Halslymphknoten zu diagnostizieren. Sie tritt im Rahmen syphilitischer Primärkomplexe auf, wenn das Geschwür auf der Tonsille und in anderen Bereichen der Mundhöhle lokalisiert ist, und zeigt dann eine follikuläre lymphatische Hyperplasie mit umschriebenen Reticulumzellansammlungen, mit Perilymphadenitis und entzündlichen Gefäßveränderungen (besonders Endophlebitis!) des Lymphknotens und seiner Umgebung. Auch im Rahmen der Lues II können die Halslymphknoten mitbetroffen sein. Sie sind histologisch durch eine starke lymphatische Hyperplasie, durch eine erhebliche Faservermehrung, vor allem im Bereich der Kapsel („Scleradenitis"), und häufig durch eine kleinherdige Epitheloidzellproliferation ausgezeichnet. Eine solche Epitheloidzellreaktion tritt auch in den Lymphknoten des Primärkomplexes manchmal auf. Bei der Lues III kommt es nur extrem selten zu Lymphknotenbeteiligung. Diese erfolgt meist in Form von großen Gummata, vereinzelt auch unter dem Bild einer epitheloidzelligen

[1] Chiari 1951; Saltzstein, Jaudon, Luse u. Ackerman 1958.

Tuberkulose (HOLZMANN u. HASENPFLUG 1962). Bei Lues connata tarda wurden selten Halslymphknotenveränderungen beschrieben, die histologisch zum Teil als Tuberkulose fehlgedeutet worden waren (HASCHE-KLÜNDER 1951).

Als *lipomelanotische Reticulocytose* oder *dermatopathische Lymphadenitis*[1] wird eine Lymphknotenreaktion im Abflußgebiet chronischer juckender Hauterkrankungen bezeichnet. Sie kommt gelegentlich auch im Halsbereich, vorwiegend jedoch in den axillären und inguinalen Lymphknoten vor. Histologisch besteht eine mehr oder weniger starke Reticulumzellproliferation in der Rinde mit häufiger Einlagerung von Fettsubstanzen und Melanin (daher der Begriff „lipo"-„melanotische" Reticulocytose). Im übrigen zeigt der Lymphknoten noch weitere unspezifische entzündliche Veränderungen wie follikuläre lymphatische Hyperplasie, Plasmocytose oder Infiltration mit Eosinophilen. Eine maligne Umwandlung ist bis heute nicht bewiesen, insbesondere bestehen keine Beziehungen zum großfollikulären Lymphoblastom (BRILL-SYMMERS).

Bei verschiedenen *Mykosen*[2] werden unter anderem auch die Halslymphknoten befallen. Am häufigsten ist dies in unseren Breiten die Aktinomykose. Sie zeigt gelegentlich eine Lymphknotenbeteiligung mit Bildung von kleinen Abscessen, in deren Zentrum die „Drusen" des Gram-positiven, nicht säurefesten Fadenpilzes liegen. Auch mehrere hefeartige Pilze (Coccidioides immitis, Paracoccidioides brasiliensis, Histoplasma capsulatum) können eine Entzündung von Halslymphknoten hervorrufen. Das histologische Bild ist dabei oft tuberkuloid (käsig oder granulierend), doch lassen sich nicht selten kleine Abscesse in den Granulomen nachweisen. Die Identifizierung der Pilze gelingt meist leicht mit der Gridley- oder Grocott-Färbung, sie ist jedoch — sofern man daran denkt — bereits im Hämatoxylin-Eosin-Schnitt möglich.

Von den *Tropenkrankheiten* können die Lepra, die Leishmaniose (oft unter dem Bilde einer Piringerschen Lymphadenitis!), verschiedene Arten von Trypanosomiasis, die Filariose (durch hämatogenen Mikrofilarienbefall) und die Pest auch die Halslymphknoten befallen.

Die Halslymphknotenbeteiligung bei *Rachendiphtherie* ist zwar häufig, führt jedoch nicht zu einem operativen Eingreifen und kann daher hier übergangen werden. Das gleiche gilt für die Lymphadenitis im Prodromalstadium der *Masern*. Beim *Sklerom* kann man in den regionären Lymphknoten eine starke Plasmocytose und gelegentlich große schaumige Retothelien finden, die eine gewisse Ähnlichkeit mit Miculicz-Zellen aufweisen (LENNERT 1961a).

[1] W. ST. C. SYMMERS 1951a; RANDERATH u. ULBRICHT 1952; KIESSLING u. TRITSCH 1954; LENNERT u. ELSCHNER 1954; MEESSEN 1955.

[2] BAKER 1947; CONANT, SMITH, BAKER, CALLAWAY u. MARTIN 1954; W. ST. C. SYMMERS 1958b.

VI. Lymphogranulomatose (M. Hodgkin)[1]

Die Lymphogranulomatoseforschung ist in den letzten beiden Jahrzehnten durch die Ergebnisse der Cytologie und vor allem durch die Arbeiten von JACKSON u. PARKER (1947 und früher) neu belebt worden. JACKSON u. PARKER haben als Pathologe und Kliniker eng zusammengearbeitet und auf Grund eines großen eigenen Krankengutes drei Lymphogranulomformen abgegrenzt: Hodgkin's paragranuloma, granuloma und sarcoma. Das Paragranulom unterscheidet sich durch eine relativ gute Prognose, das Hodgkin-Sarkom durch eine schlechte Prognose von dem klassischen Lymphogranulom („granuloma"), das in der Mitte zwischen beiden Extremen steht. Diese Dreiteilung ist Gegenstand einer lebhaften Diskussion gewesen. Zwischen vollkommener Ablehnung und rückhaltloser Anerkennung liegt noch eine Skala von mehr oder weniger zustimmenden Urteilen. Vor allem wird immer wieder eingewandt, daß das histologische Bild in den verschiedenen Lymphknoten eines Patienten wechseln könne und daher dem histologischen Befund in einem einzelnen Lymphknoten nur ein geringes prognostisches Gewicht zukomme. Wir haben auf Grund eines eigenen Untersuchungsgutes von über 1000 Lymphogranulomfällen (zum Teil zusammen mit HIPPCHEN 1954) die Gültigkeit der Einteilung von JACKSON u. PARKER überprüft und sind zu folgenden Ergebnissen gekommen:

1. Es gibt eine besondere Erscheinungsform des M. Hodgkin, die oft lange Zeit ohne Allgemeinerscheinungen verläuft und die eine *durchschnittlich* bessere Prognose hat als die Masse der klassischen Lymphogranulomatosen: das Paragranulom. Damit ist nicht ausgeschlossen, daß auch Paragranulome mit rascherem Verlauf und klassische Lymphogranulomatosen mit jahrzehntelangem, relativ benignem Verlauf vorkommen.

2. JACKSON u. PARKER grenzen mit Recht eine maligne Variante der Lymphogranulomatose ab: das Hodgkin-Sarkom. Es unterscheidet sich in den typischen Fällen morphologisch und prognostisch deutlich von der klassischen Lymphogranulomatose und vom Reticulosarkom. Der Verlauf ist meist rasch, die Radiosensibilität gering.

3. Paragranulom und Hodgkin-Sarkom gehen ohne scharfe morphologische Grenze in die klassische Lymphogranulomatose über, aber nicht im Sinne einer Stufenleiter Paragranulom — Granulom — Sarkom; vielmehr kann das Hodgkin-Sarkom unmittelbar aus dem Paragranulom hervorgehen. Ja, wir konnten 4 Fälle beobachten, bei welchen gleichzeitig nebeneinander Paragranulom und Hodgkin-Sarkom in einer Lymphknotengruppe bestanden hatten.

[1] Neuere Übersichten: HOSTER u. DRATMAN 1948; FRESEN 1958a; HECKNER 1958; WILDNER 1958. Siehe auch „Hodgkin's disease": Band 73 der Annals of the New York Academy of Sciences 1958.

Unter Berücksichtigung dieser Ergebnisse werde ich in folgendem das Paragranulom, das klassische Lymphogranulom und das Hodgkin-Sarkom nach ihrem Vorkommen, ihrem histologischen Bild und ihrer Prognose besprechen. Am Schluß füge ich noch eine kurze Betrachtung über das Wesen der Lymphogranulomatose an.

1. Das sogenannte Paragranulom[1]

An der Existenz des Paragranuloms als Sonderform der Lymphogranulomatose ist nicht zu zweifeln; es fragt sich jedoch, ob man den Begriff Paragranulom anwenden soll. Wir glauben, daß es wesensmäßig von der Lymphogranulomatose nicht unterschieden ist und somit keine eigene Krankheitseinheit darstellt. Außerdem ist das Paragranulom mit der klassischen Lymphogranulomatose durch alle Übergänge verknüpft. Aus diesem Grunde sprechen wir lieber von „relativ gutartiger Lymphogranulomatose". Aus dem gleichen Grunde empfiehlt W. St. C. Symmers (1958a) den Begriff „indolenter Typ des Morbus Hodgkin". Die Benennung von Jackson u. Parker ist aber bereits so weit verbreitet, daß es müßig sein dürfte, den Begriff Paragranulom ausrotten zu wollen. Man mag ihn wohl auch anwenden, wenn man sich des Wesens der Erkrankung bewußt ist.

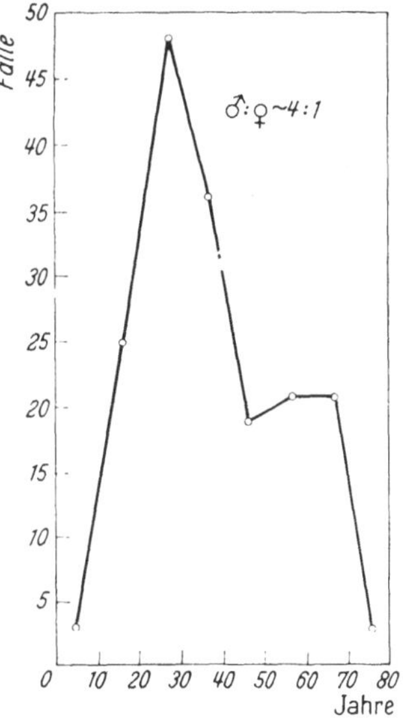

Abb. 26. Altersverteilung des Paragranuloms. Nach 176 Fällen der Literatur und des eigenen Untersuchungsgutes

Als **Synonyma** des Paragranuloms werden die folgenden gebraucht: early Hodgkin (Jackson 1937), Hodgkin's lymphoma (Jackson 1939; Bersack 1943), benign Hodgkin's disease (Harrison 1952), reticular lymphoma (Lumb 1954), lymphoreticular medullar reticulosis[2]? (Robb-Smith 1947), chronische medullare Lymphoreticulose (Bonenfant 1954).

Vorkommen. Das Paragranulom tritt mit weitem Abstand am häufigsten (85%) im Halsbereich auf. Es macht in den verschiedenen Statistiken 5—10% aller Lymphogranulomfälle aus (Jackson u. Parker; Lumb; W. St. C. Symmers). Die Altersverteilung zeigt einen Gipfel im 3. Jahrzehnt und entspricht darin sowie im übrigen Kurvenverlauf etwa der klassischen Lymphogranulomatose. Im Gegensatz zu dieser ist jedoch das männliche Geschlecht wesentlich häufiger, nämlich viermal häufiger, befallen als das weibliche.

[1] Harrison 1952; Lennert u. Hippchen 1954; Lumb 1954; Jeliffe u. Thomson 1955; Smetana u. Cohen 1956; C. J. E. Wright 1956; Offerhaus 1957; W. St. C. Symmers 1958a.

[2] Nach Robb-Smith (1964) ist die lymphoretikuläre medulläre Reticulose seiner Definition eine eigene Krankheitseinheit und nicht eine Variante der Lymphogranulomatose. Sie entspricht morphologisch aber dem, was wir als Paragranulom bezeichnen.

Histologie. Die Lymphknotenstruktur ist zerstört, d. h. man sieht keine Unterteilung in Follikel, Sinus und Pulpa. Das wichtigste Kennzeichen des Paragranuloms ist der Lymphocytenreichtum. Dieser kann so ausgeprägt sein, daß die Fehldiagnosen Lymphosarkom oder lymphati-

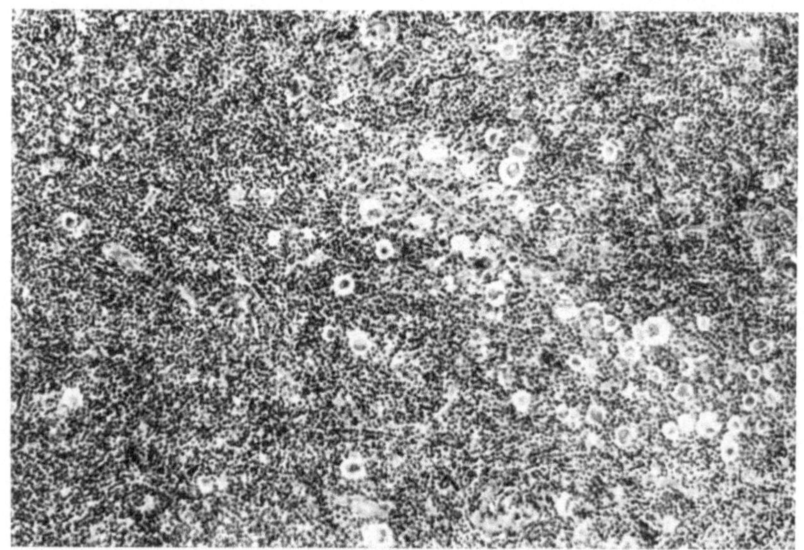

Abb. 27. Paragranulom. Vorwiegend Lymphocyten. Dazwischen zahlreiche Hodgkin-Zellen und Sternbergsche Riesenzellen. H.-E., 125 ×

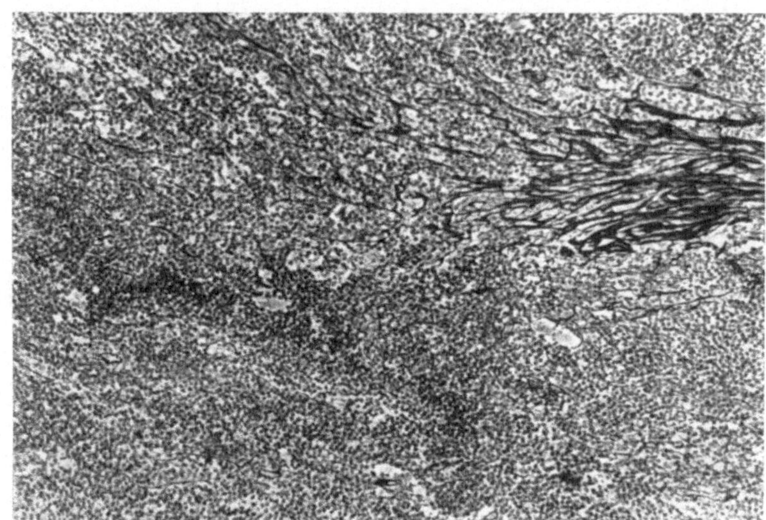

Abb. 28. Paragranulom, Faserpräparat. Beachte die herdförmige Faservermehrung. Bielschowsky, 125 ×

sche Leukämie gestellt werden. Eine weitere wichtige Zellrasse ist die Epitheloidzelle. Sie bildet kleine Gruppen und ist häufig nachweisbar. Weiterhin sieht man stets Hodgkin-Zellen und Sternbergsche Riesenzellen. Ihre Zahl ist prognostisch bedeutungslos. Dagegen kann man aus einer stärkeren Vermehrung der Reticulumzellen schließen, daß mit einem rascheren Verlauf zu rechnen ist (Übergang in klassische Lymphogranulomatose). Die Zahl der Eosinophilen spielt nach der jetzt geäußerten Ansicht von JACKSON u. PARKER keine Rolle (zit. nach OFFERHAUS 1957). Früher hatten JACKSON u. PARKER angegeben, daß nur wenige Eosinophile vorhanden seien. Dies trifft sicher für die große Mehrzahl der Fälle auch zu. Neutrophile Granulocyten, Nekrosen und stärkere Vernarbungen kommen im Gegensatz zum klassischen Lymphogranulom nicht vor. Gelegentlich ist das Gewebe knötchenartig angeordnet („follikuläres Lymphom vom Hodgkin-Typ“ nach RAPPAPORT u. Mitarb.), ohne daß wir unseres Erachtens berechtigt wären, daraus einen inneren Zusammenhang mit dem großfollikulären Lymphoblastom (BRILL-SYMMERS) abzuleiten.

Prognose. Nach den übereinstimmenden Angaben der Literatur und unseren eigenen Untersuchungen verläuft das Paragranulom im allgemeinen *relativ* gutartig, d. h. das Krankheitsbild ist symptomarm, die Lymphknotenschwellung bleibt jahrelang auf die Primärlokalisation beschränkt und der Tod erfolgt erst nach etlichen Jahren, oft nach Jahrzehnten. JACKSON u. PARKER verfolgten einen Kranken 39 Jahre lang. Ein Patient von SYMMERS (1958a) starb 34 Jahre nach Probeexcision an einer anderen Krankheit. Das Paragranulom hatte unverändert bis zum Tode bestanden. Nach LUMB überleben 80% der Kranken die Fünfjahresgrenze. In unserem Untersuchungsgut findet sich ein 32jähriger Patient, der 19 Jahre nach Exstirpation eines Paragranuloms aus anscheinend voller Gesundheit einem Verkehrsunfall zum Opfer fiel.

Wir haben aber wiederholt betont (LENNERT 1954; LENNERT u. HIPPCHEN 1954; LOEW u. LENNERT 1955), daß ein sicherer prognostischer Schluß aus dem histologischen Substrat eines Paragranuloms im Einzelfalle nicht zu ziehen ist; denn wir beobachteten neben lange symptomarm verlaufenen Erkrankungen auch solche mit rascherem Tod. Diesem schnelleren Krankheitsablauf entspricht meist eine histologische Umwandlung in die klassische Lymphogranulomatose. Eine solche Umwandlung ist — auch bei Anlegung strengster diagnostischer Maßstäbe — nicht vorauszusehen.

Eine weitere Grenze wird dem prognostischen Urteil des Histologen durch die Therapie gezogen. Ein besonders eindrucksvoller Paragranulomfall und die Zunahme der Hodgkin Sarkome in den letzten Jahren (siehe auch JANSSEN u. WÜST 1956) stellen uns vor die Frage, ob man das Paragranulom mit Cytostatica angehen soll, wenn man nicht Gefahr laufen will, in Kürze den Patienten an einem Hodgkin-Sarkom zu verlieren. Wegen der Wichtigkeit dieser Frage möchte ich den erwähnten Paragranulomfall kurz schildern:

Ein 35jähriger Mann hatte am Hals seit 4 Jahren indolente Lymphknoten, die in verschiedenen Instituten Europas untersucht und jeweils als chronische unspezifische Lymphadenitis bezeichnet worden waren. Nach dieser Zeit wurde ein weiterer Lymphknoten entfernt, und wir haben daran die Diagnose Paragranulom gestellt. Daraufhin wurde der Patient intensiv cytostatisch behandelt. Nach 1 Jahr war der Patient tot. Bei der Sektion fanden wir nichts mehr von dem früher festgestellten Paragranulom, sondern teils eine (wohl durch die Cytostatica!) lymphocytenarme Lymphogranulomatose, teils das Bild des Hodgkin-Sarkoms.

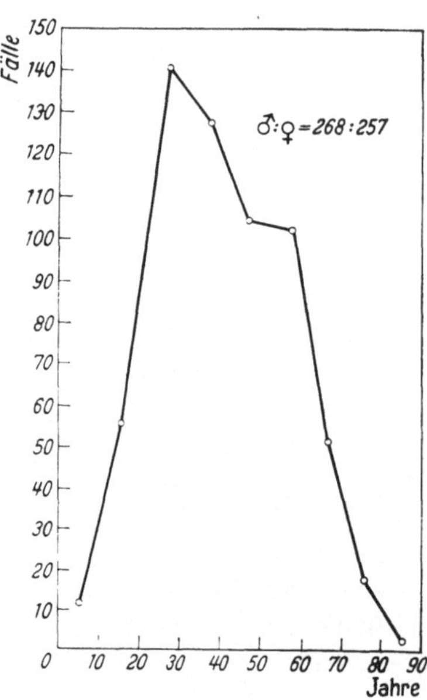

Abb. 29. Altersverteilung der klassischen Lymphogranulomatose. Nach 525 selbst untersuchten Fällen

Es scheint uns danach die cytostatische Therapie ein unnötig hartes Geschütz zu sein, das man bei einem lokal begrenzten Paragranulom nicht auffahren lassen sollte. Nach unserer sicherlich etwas einseitigen Sicht würden wir das Paragranulom für den Idealfall der chirurgischen Intervention halten, während wir eine cytostatische Therapie als ultima ratio bei weiterer Verbreitung des Prozesses ansehen.

2. Die klassische Lymphogranulomatose (Hodgkin's granuloma)

Vorkommen. Nach den klinischen und zahlreichen pathologisch-anatomischen Statistiken sollen auch bei der klassischen Lymphogranulomatose die cervicalen Lymphknoten am häufigsten befallen sein. Alle vorliegenden Angaben sind jedoch mit dem Fehler behaftet, daß sie am lebenden Patienten gewonnen sind, d. h. daß wir nicht wissen, wie die tiefer gelegenen Lymphknoten gleichzeitig beschaffen waren. In einigen Sektionsstatistiken dagegen wird angegeben, daß die stärksten und anscheinend ältesten Veränderungen in Abdominallymphknoten zu finden seien (z. B. STEPHANI 1937; JACKSON u. PARKER 1947). Diese Befunde mahnen zur Vorsicht, ohne jedoch den klinischen Eindruck ganz beseitigen zu können, daß die Lymphogranulomatose häufig im Halsbereich beginnt.

Manchmal geht den Lymphknotenschwellungen des oberen Halsbereiches eine Tonsillenbeteiligung parallel oder vielleicht sogar voraus (siehe unten). Die supraclavikulären Lymphknoten werden meist vom

Mediastinum aus befallen und zeigen nicht selten eine starke Neigung zur Vernarbung („sklerosierender Typ der Lymphogranulomatose").

Daß die Lymphogranulomatose primär in den Tonsillen lokalisiert sein kann (siehe besonders GRÄFF 1935!) und dann möglicherweise durch Tonsillektomie zu heilen ist, geht aus folgender Beobachtung hervor, die wir 1958 im Pathologischen Institut Zürich machten: Ein 18jähriges Mädchen wird wegen hyperplastischer Gaumenmandeln routinemäßig tonsillektomiert. Von den Tonsillen werden — ebenso routinemäßig — histologische Gefrierschnitte angefertigt. Diese ergeben die Überraschung, daß im basalen Anteil des lymphatischen Gewebes der einen Tonsille ein knapp stecknadelkopfgroßer Herd gelegen ist, der aus Hodgkin-Zellen, Sternbergschen Riesenzellen und einigen Eosinophilen besteht. Die klinische Durchuntersuchung (Med. Univ. Poliklinik Zürich, Direktor Prof. Dr. HEGGLIN) ergibt keinen Anhalt für weitere Lymphogranulom-Manifestationen. Auch nach zweijähriger weiterer Beobachtungszeit sind keine Halslymphknotenschwellungen und auch keine sonstigen Zeichen einer floriden Lymphogranulomatose aufgetreten[1].

Was das Lebensalter anlangt, kommt die Lymphogranulomatose in allen Dezennien, am häufigsten aber im 3. Jahrzehnt, vor. Unser jüngster Patient war 3 Jahre, unser ältester 82 Jahre alt. Nicht alle Lymphogranulomatosen der ersten 2 Lebensjahre, die in der Literatur wiederholt mitgeteilt wurden (SMITH 1934), halten einer Kritik stand. Sie dürften zum Teil als Abt-Letterer-Siwesche Reticulose anzusehen sein.

Das männliche Geschlecht ist in unserem Untersuchungsgut kaum häufiger befallen als das weibliche. HOSTER u. DRATMAN errechneten nach 2601 Fällen der Weltliteratur ein Verhältnis von 62:38 = ♂:♀. In den Statistiken von JACKSON u. PARKER (1947) sowie W. ST. C. SYMMERS (1958a) war zu 70% das männliche Geschlecht betroffen.

Histologie. Die *Frühveränderungen* der Lymphogranulomatose, die grundsätzlich auch das Paragranulom betreffen, die bei diesem aber noch zu wenig erforscht sind, stellen ein großes Problem der Lymphknotendiagnostik dar, und zwar vor allem deshalb, weil eine Reihe von unspezifischen Lymphknotenreaktionen als typische Frühveränderung der Lymphogranulomatose deklariert wurde. Aus diesem Grunde ist die Unsicherheit von seiten des Pathologen und auch des Klinikers groß, ob man bei einer unspezifischen Hyperplasie des Lymphknotens, z. B. bei einem Sinuskatarrh, immer an die Möglichkeit einer Lymphogranulomatose denken soll. Wir haben diese Frage vor allem durch unzählige Katamnesen, aber auch durch Untersuchung noch nicht befallener Lymphknoten von Lymphogranulomkranken zu klären versucht und kamen zu

[1] Für diese Mitteilung danke ich Herrn Dr. LUDWIG, Pathologisches Institut der Universität Zürich (Direktor Prof. Dr. UEHLINGER).

folgendem Ergebnis (LENNERT 1958, 1961 b): Man darf nur solche Lymphknotenveränderungen als Frühstadien der Lymphogranulomatose auffassen, die unmittelbar in spezifisch lymphogranulomatöse Strukturen übergehen oder die später als unspezifische oder halbspezifische Komponenten dem vollentwickelten Lymphogranulom angehören. Nur Veränderungen, die einer der beiden Bedingungen entsprechen, verdienen als Initialbilder der Lymphogranulomatose bezeichnet zu werden. Alle anderen unspezifischen Lymphknotenreaktionen bei Lymphogranulomkranken müssen wir als *Pseudo*-Initialbilder abgrenzen. Während die

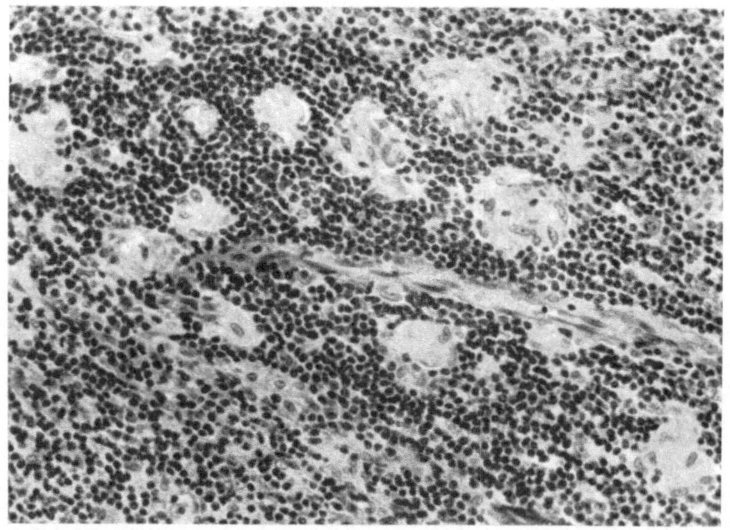

Abb. 30. Kleinherdige Epitheloidzellproliferation bei Lymphogranulomatose. Eine typische Frühveränderung der Lymphogranulomatose. Häufig auch beim Paragranulom auftretend! H.-E., 250×

echten Initialbilder von hohem diagnostischem Interesse sind und die *Möglichkeit* einer Entwicklung in eine Lymphogranulomatose zur Diskussion stellen, sind die Pseudo-Initialbilder ohne jegliche diagnostische Bedeutung.

Als wichtigste Frühveränderung der Lymphogranulomatose haben wir die Reticulocytose der Pulpa kennengelernt. Dies ist verständlich; denn das granulomatöse Geschehen spielt sich in der Regel zuerst in der Pulpa ab. Nur wenn sich die Lymphogranulomatose lymphogen oder per continuitatem von einem auf den anderen Lymphknoten ausbreitet, kann man gelegentlich auch eine Reticulocytose der Randsinus mit Perilymphadenitis sehen. Ein weiteres charakteristisches Frühsymptom stellt die kleinherdige Epitheloidzellreaktion dar, die in den ersten Entwicklungsstadien der Lymphogranulomatose noch ausgeprägt vorhanden sein kann. Sie beherrscht in besonderen Fällen sogar bis in spätere Krankheitsphasen hinein das Bild. Nur der Nachweis von Hodgkin-Zellen und Sternbergschen Riesenzellen gestattet es, die epitheloidzellige Proliferation der Lymphogranulomatose von anderen kleinherdigen Epitheloidzellreaktionen, insbesondere von der Piringerschen Lymphadenitis (Toxoplasmose), zu unterscheiden. Endlich ist gelegentlich zu Beginn der Lymphogranulomatose eine diffuse lymphatische Hyperplasie zu beobachten; sie stellt wahrscheinlich auch die charakteristische Frühveränderung des Paragranuloms dar. Eine stärkere Infiltration mit eosinophilen Granulocyten sollte immer die gesteigerte Aufmerksamkeit

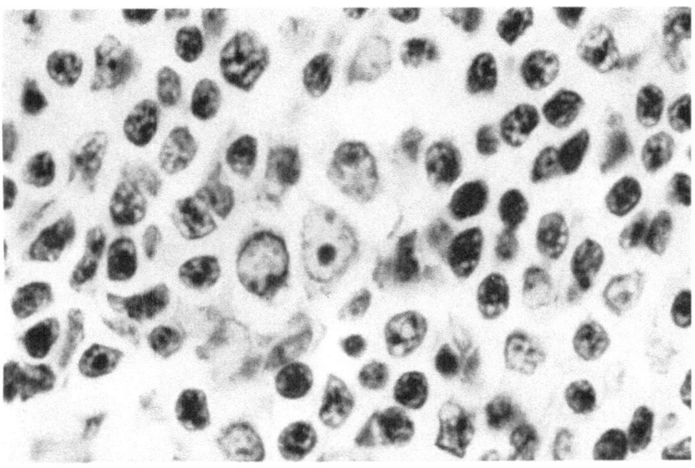

Abb. 31. Ableitung der Hodgkin-Zelle aus der undifferenzierten Reticulumzelle. Mitte rechts. Hodgkin-Zelle mit großem Nucleolus und schwach färbbarer Kernmembran. Mitte links: Undifferenzierte Reticulumzelle mit viel kleineren Nucleolen und kräftigerer Kernmembran. Giemsa, 1250 ×

des Untersuchers auf sich lenken. Sie ist bisweilen viel ausgeprägter als die Proliferation der spezifischen Lymphogranulomzellen (Hodgkin-Zellen, Sternbergsche Riesenzellen), so daß diese allzu leicht übersehen werden können.

Demgegenüber sind als Pseudo-Initialbilder der Sinuskatarrh, die follikuläre lymphatische Hyperplasie und die Plasmocytose anzusehen. Sie stellen im Rahmen der Lymphogranulomatose immer nur Umgebungsreaktionen dar und sind völlig uncharakteristisch.

Die *vollentwickelte Lymphogranulomatose* zeigt ein wechselndes Bild. Die Struktur des Lymphknotens ist zerstört. Oft ziehen von der verdickten Kapsel faserreiche Bindegewebszüge durch das Granulationsgewebe. Nicht selten sieht man kleinere und größere Nekrosen. Entscheidend für die Diagnose Lymphogranulomatose ist das Vorkommen der spezifischen Lymphogranulomzellen (siehe LENNERT 1953a, b): Die Hodgkin-Zelle ist die einkernige Vorstufe der mehrkernigen Sternbergschen Riesenzelle. Sie ist von undifferenzierten kleinen bis mittelgroßen Reticulumzellen abzuleiten und zeigt gewisse Ähnlichkeit mit der basophilen Stammzelle, ohne mit dieser identisch zu sein. Dies kann man jedoch nur im Giemsa-Präparat, nicht bei gewöhnlicher Hämatoxylin-Eosinfärbung erkennen. Das Hauptkennzeichen der Hodgkin-Zelle ist der große dunkelblaue Nucleolus. Er liegt in einem sehr hellen, fast ungefärbten Kern. Lediglich die breite Kernmembran stellt sich graublau dar. Das schmale bis

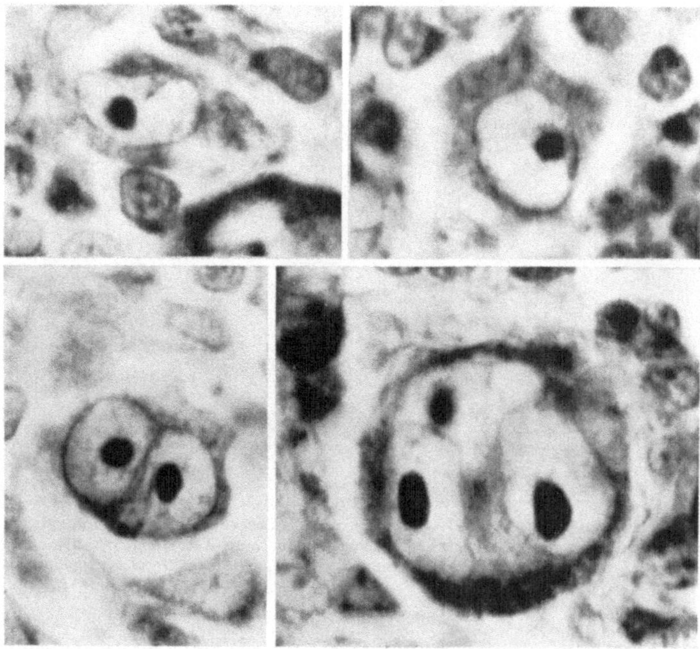

Abb. 32. Entwicklung der Sternbergschen Riesenzellen (unten) aus einkernigen Hodgkin-Zellen (oben). Beachte die großen basophilen Nucleolen und den hellen „Kernsaft" in allen Zellen! Giemsa, 2000 ×

mittelbreite Cytoplasma ist schwach bis mäßig basophil. Demgegenüber besitzen die basophilen Stammzellen ein kräftiger gefärbtes Chromatin, eine stark basophile Kernmembran und ein dunkelblaues Plasma. Die Sternbergsche Riesenzelle entsteht aus der Hodgkin-Zelle durch Mitose bei ausbleibender Plasmadurchschnürung. Die Kerne sind unregelmäßig gelagert, oft finden sie sich im Zentrum, gelegentlich kommen spiegelbildliche Zwillingsformen vor. Das Cytoplasma ist geringer basophil als das der Hodgkin-Zellen. Beide Zellen können durch Pyknose zugrunde gehen und stellen sich dann als dunkelblaue Zellklumpen dar.

Außer den Hodgkin-Zellen und den Sternbergschen Riesenzellen sind in der Pulpa die Vorstufen der Hodgkin-Zellen, die undifferenzierten

Reticulumzellen, vermehrt. Dies sieht man selten auch in den Sinus („unreife Sinushistiocytose") oder perivasculär. Über die Epitheloidzellproliferation wurde schon berichtet. Sie kann auch zur Bildung von Langhansschen Riesenzellen und „Fremdkörperriesenzellen" führen. Zu diesen reticulogenen Zellen kommen mehr oder weniger reichlich Lymphocyten, oft zahlreiche eosinophile und/oder neutrophile Granulocyten. Auch Plasmazellen können als Reste einer Umgebungsreaktion da und dort in das Lymphogranulomgewebe eingeschlossen sein.

Prognose. Der Krankheitsverlauf der klassischen Lymphogranulomatose wechselt von Fall zu Fall erheblich. Es kommen Krankheitszeiten von wenigen Monaten bis zu 10 und mehr Jahren vor. Die durchschnittliche Lebenserwartung betrug bei unseren Fällen 22,61 $\pm$ 1,61 Monate.

Die große Variabilität der Krankheitsdauer hat zu zahlreichen Versuchen geführt, den vermutlichen Krankheitsablauf vorauszubestimmen. Man ist dabei auf eine Reihe von Faktoren gestoßen, die von mehr oder weniger großer prognostischer Bedeutung sind. Ich bespreche sie in der Reihenfolge ihrer Verwertbarkeit:

Am wichtigsten ist wohl die Ausbreitung der Lymphogranulomatose zur Zeit der 1. Untersuchung: Lymphogranulomatosen mit umschriebenem Sitz in einer Lymphknotenregion („Stadium I") verlaufen länger als generalisierte Formen (Bersack 1943; Peters 1950; Hohl, Sarasin u. Bessler 1951; Haubrich 1952; Finkbeiner, Craver u. Diamond 1954; Jeliffe u. Thomson 1955; Healy, Amory u. Friedman 1955; Loew 1956).

Je geringer die Allgemeinerscheinungen ausgeprägt sind (Peters 1950; Gilbert 1953) und je besser die Erkrankung auf Bestrahlung anspricht (Gilbert 1953; Bichel 1955), desto besser soll die Prognose sein. Auch werden hohe Blutlymphocytenzahlen als gutes Vorzeichen gewertet (Loew 1956).

Das histologische Bild gestattet im wesentlichen nur die grobstatistische Angabe, daß lymphocytenreiche Granulomatosen eine bessere Prognose zeigen als reticulumzellreiche Formen. Bei hohem Reticulumzellgehalt ist der Ablauf oft besonders rasch.

Die Frau erkrankt nicht nur seltener an Lymphogranulomatose, sie zeigt auch einen etwas günstigeren Verlauf als der Mann. Die Lebenserwartung nach Probeexcision betrug in unserem Untersuchungsgut 30,93 $\pm$ 2,72 Monate beim weiblichen Geschlecht und 24,8 $\pm$ 2,83 Monate beim männlichen Geschlecht.

Alle diese Faktoren (und noch manche andere, die ich ihrer geringen oder fraglichen Bedeutung wegen nicht erwähnt habe) beeinflussen den Verlauf der jeweiligen Erkrankung. Sie geben jedoch sämtlich nur mehr oder weniger grobe *statistische* Anhaltspunkte an die Hand, die für einen gegebenen Einzelfall keineswegs zuzutreffen brauchen.

3. Das Hodgkin-Sarkom

In der älteren Literatur findet man eine Reihe von Mitteilungen, die Lymphogranulomfälle mit sarkomartigem histologischem Bild betreffen (z. B. DÜRING 1918; TERPLAN u. MITTELBACH 1929; MANKIN 1933). Doch wurde die Existenz einer Sarkomform der Lymphogranulomatose lange Zeit autoritativ abgelehnt (STERNBERG 1936). Erst EWING (1941 und früher) und nach ihm vor allem JACKSON u. PARKER (1947) konnten an einem großen Untersuchungsgut die Existenz einer sarkomatösen Variante der Lymphogranulomatose erweisen. Diese Variante sei als eigenständiger Tumor mit besonderer Morphologie aufzufassen und wird von JACKSON u. PARKER als Hodgkin-Sarkom bezeichnet.

Gegen diesen selbständigen Tumortypus wurden zahlreiche Widersprüche laut: Das Hodgkin-Sarkom sei nichts anderes als ein Reticulosarkom (z. B. JANSSEN u. WÜST 1956) oder eine Variante des „anaplastischen Sarkoms des lymphoiden Gewebes" (LUMB 1954). Die schwersten Bedenken werden von RÜTTNER (1953) und VON ALBERTINI (1955) erhoben: Es handle sich um ein Pseudosarkom; denn erstens seien die sarkomartigen Veränderungen nur herdförmig angeordnet und beträfen nie einen ganzen Lymphknoten. Zweitens sei die als sarkomatöse Umwandlung interpretierte Kernpolymorphie nicht neoplastischer, sondern degenerativer Natur, da sie vor allem in der Umgebung von Nekrosen auftrete. Drittens nehme bei Alterung des lymphogranulomatösen Gewebes die Zahl der Granulocyten und Plasmazellen ab, wodurch wiederum ein sarkomatöses Bild vorgetäuscht werde.

Wir können in dem gegebenen Rahmen nicht alle Für und Wider diskutieren und nur kurz unsere Ansicht, die wir seit 1953 vertreten, wiedergeben. Wir glauben sicher zu sein, daß es eine spezielle Sarkomform gibt, die bei Lymphogranulom und Paragranulom bereits zur Zeit der 1. Untersuchung vorhanden sein kann, die sich aber manchmal — besonders unter dem Einfluß der cytostatischen Therapie (siehe auch WÜST u. JANSSEN 1956) — aus Lymphogranulom und Paragranulom entwickelt. Dieses Hodgkin-Sarkom ist morphologisch vom Reticulosarkom zu unterscheiden und kann auch bei genügender Kritik meist von den regressiv umgewandelten großzelligen Bezirken klassischer Lymphogranulomatosen abgegrenzt werden.

Vorkommen. Wenn man nur die Hodgkin-Sarkome berücksichtigt, bei welchen die 1. Biopsie bereits diese Diagnose ergeben hat, so scheinen die Halslymphknoten nur wenig häufiger befallen zu sein als Achsel- und Leistenlymphknoten.

Die Altersverteilung von 47 bioptisch oder autoptisch diagnostizierten eigenen Fällen ergibt — im Gegensatz zur klassischen Lymphogranulomatose und zum Paragranulom — ein Überwiegen der höheren

Altersgruppen (siehe Abb. 33). Das männliche Geschlecht ist etwas häufiger betroffen.

Histologie. Das typische Bild des Hodgkin-Sarkoms ist absolut eindeutig; daneben gibt es jedoch Fälle, bei denen man im Zweifel sein kann, ob noch ein Granulom oder bereits ein Sarkom vorliegt. Dies gilt vor allem auch bei Sektionsfällen, die länger cytostatisch behandelt worden waren.

Von einem Hodgkin-Sarkom sprechen wir, wenn eine sarkomatöse Wucherung der (reticulogenen) Hodgkin-Zellen oder Sternbergschen Riesenzellen vorliegt. Da beide Zellrassen im Durchschnitt wesentlich größer als Reticulumzellen sind, erscheint das Hodgkin-Sarkom ausgesprochen *großzellig*. Hinzu kommt eine erhebliche Polymorphie der Kerne, die unter anderem durch mannigfache Faltung der Kernmembran entsteht. Die Nucleolen sind mittelgroß bis groß. Das Plasma ist mäßig basophil und oft ziemlich breit. Zwischen den Tumorzellen finden sich reichlich Gitterfasern. Vielfach kommen große infarktartige Nekrosen vor. Oft ist im gleichen oder in einem benachbarten Lymphknoten noch typisches Lymphogranulom- oder Paragranulomgewebe nachweisbar. Dies erleichtert die Diagnose.

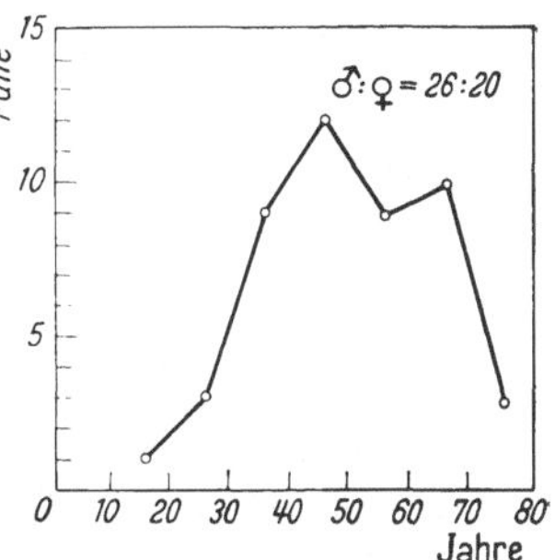

Abb. 33. Altersverteilung des Hodgkin-Sarkoms. Nach 46 eigenen Beobachtungen

Besonders kennzeichnend ist für das Hodgkin-Sarkom die Neigung, in Sinus und Lymphgefäßen zu wachsen (siehe auch Köhn 1951). Diese *Lymphangiosis sarcomatosa* haben wir bis zum Ductus thoracicus verfolgen können. Sie tritt bei klassischen Lymphogranulomatosen und bei Paragranulomen nicht auf, auch beim Reticulosarkom des Lymphknotens haben wir sie nur extrem selten beobachtet.

Ob außer dem geschilderten Hodgkin-Sarkomtyp noch andere Sarkomformen aus der Lymphogranulomatose hervorgehen, wird in der Literatur verschieden beantwortet. Sicherlich sieht man gelegentlich Gewebsbilder, die von einem Fibro oder Spindelzellensarkom nicht zu unterscheiden sind. Auch typische Reticulosarkome sollen aus Lymphogranulomen entstehen können. Solche Sarkome mag man allenfalls als Hodgkin-Sarkom in einem weiteren Sinne bezeichnen. Hodgkin-Sarkome im Sinne unserer Definition stellen ausschließlich die großzelligen Sarkome vom Hodgkin- bzw. Sternberg-Zelltypus dar.

Prognose. Nach Jackson u. Parker beträgt die gesamte Krankheitsdauer beim Hodgkin-Sarkom nie länger als 3 Jahre, über die Hälfte der Kranken stürben schon im 1. Jahr nach Auftreten des Tumors. Die Strahlensensibilität sei sehr gering. Wir können dies bestätigen. Mehr als zwei Drittel der von uns diagnostizierten Fälle waren therapeutisch kaum zu beeinflussen. Die Kranken erlagen im Laufe eines Jahres nach der Biopsie ihrem Leiden. Ein Viertel der Kranken überlebte bis zu 2 Jahren. Ganz vereinzelt wurden von uns längere Verläufe (bis zu 7 Jahren) festgestellt. Dabei lagen fast ausschließlich Hodgkin-Sarkome, die bei Paragranulomen entstanden waren, vor.

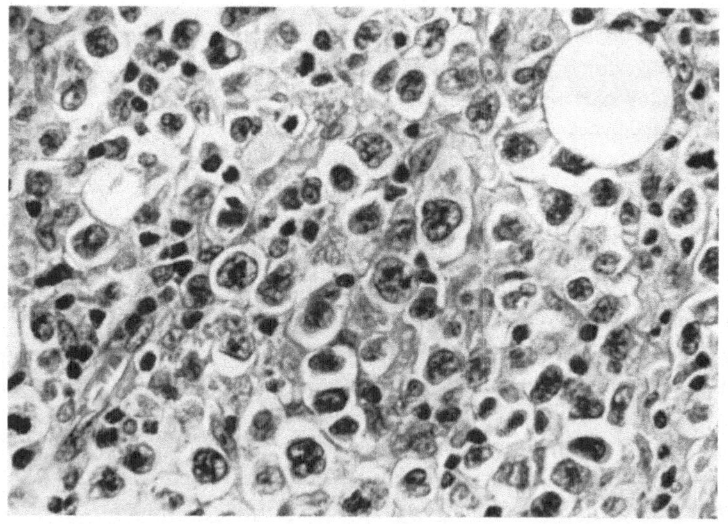

Abb. 34. Klassisches Hodgkin-Sarkom, in Fettgewebe infiltrierend wachsend. Große polymorphe Tumorzellen, die zum Teil stark an Sternbergsche Riesenzellen erinnern. H.-E., 500×

4. Weitere Sonderformen der Lymphogranulomatose

In den 20er Jahren führte man den Begriff „*atypische Lymphogranulomatose*" ein[1]. Diese Bezeichnung wurde für Fälle angewandt, die gewisse Ähnlichkeiten mit dem von STERNBERG (1898) entworfenen Bild der Lymphogranulomatose hatten, aber doch nicht genügend sicher als solche diagnostiziert werden konnten. In der Folgezeit gelang es, eine Reihe der „atypischen Lymphogranulomatosen" als eigenständige Krankheiten, z. B. als Retothelsarkom, Reticulose oder großfollikuläres Lymphoblastom, abzugrenzen, wodurch der Begriff atypische Lymphogranulomatose für die meisten Fälle überflüssig wurde. Nun ist es recht still geworden um die atypische Lymphogranulomatose, und wer sie heute noch diagnostiziert, macht sich verdächtig, die Fortschritte der Lymphknotenpathologie in den letzten Jahren nicht genügend zu berücksichtigen. Wir wenden heute die Bezeichnung atypische Lymphogranulomatose nicht mehr an. Man sollte sich aber auch davor hüten, an ihre Stelle einen neuen dehnbaren Sammelbegriff, z. B. den Begriff Reticulose,

[1] Literatur bei STERNBERG 1936; RÜTTNER 1953; OFFERHAUS 1957.

zu setzen. Dies ist ein nicht kleineres Übel. Dagegen hat die Abgrenzung gewisser Sonderformen der Lymphogranulomatose, die wir aber weder als atypische Lymphogranulomatose noch als Reticulose bezeichnen, dann einen Sinn, wenn mit der besonderen Histologie auch eine besondere Verlaufsart verknüpft ist. Die Berechtigung zur Abgrenzung solcher Sonderformen haben Jackson u. Parker eindrucksvoll bewiesen. Außerdem sind noch zahlreiche Klassifikationsversuche unternommen worden, wobei unter anderem die folgenden weiteren Lymphogranulom-Typen in den Blickpunkt gerückt wurden.

Eine besonders *reticulumzellreiche Lymphogranulomatose* hat, wie wir oben bereits ausführten, eine schlechte Prognose. Das Zusammentreffen dieses histologischen und klinischen Bildes führte zu einer Reihe von Bezeichnungen: „reticular Hodgkin's disease" (Callender 1934), „Hodgkin's lymphoreticuloma" (Bersack 1943), „loosely cellular type of Hodgkin's disease" (Sahyoun u. Eisenberg 1949), „Reticulo-Hodgkin" (Offerhaus 1957). Auch ein Teil der Fälle, die als „histiocytäre medulläre Reticulose" (Robb-Smith 1938, 1947; Marshall 1956) oder als „Reticulose mit Hodgkin-Veränderungen" (Deelman, zit. nach Offerhaus 1957) bezeichnet wurden, dürfte hierher gehören. Die Abgrenzung der reticulumzellreichen Lymphogranulomatose als Sonderform der Lymphogranulomatose scheint uns nicht unbedingt erforderlich. Doch sollte man um den raschen Verlauf reticulumzellreicher Fälle wissen. Sie stellen das Gegenstück zu den reticulumzellarmen, langsam verlaufenden Paragranulomen dar.

Die *Sklerosierungsneigung* wurde von Smetana u. Cohen (1956) und neuerdings wieder von Lukes (1962) besonders herausgestellt. Lukes spricht von „Hodgkin's disease with spontaneous nodular sclerosis". Diese Lymphogranulomform beginnt häufig im Mediastinum und breitet sich von hier auf die supraclavikulären Lymphknoten aus. Nach Lukes beträgt die durchschnittliche Lebenserwartung etwa 5 Jahre. Vernarbungstendenz und Lebenserwartung zeigten in unserem Untersuchungsgut (Lennert u. Hippchen 1954) keine positive Korrelation, was früher auch von Rosenthal (1936), Bersack (1943) sowie Jackson u. Parker (1947) festgestellt worden war.

Lymphogranulomatosen, die bis zum Tode durch eine *starke kleinherdige Epitheloidzellreaktion* gekennzeichnet sind, wurden von uns wiederholt beobachtet (Lennert 1952). Sie sind zumindest morphologisch mit der malignen Reticulose verwandt, bedürfen jedoch noch weiterer Abklärung. Auch Smetana u. Cohen (1956) erwähnen dieses auffällige histologische Bild. Lukes hat jungst (1962) solche Falle als „histocytic type" der Lymphogranulomatose herausgestellt. Die von Lukes aufgeführten Fälle scheinen jedoch sehr heterogen zu sein. Sie enthalten unter anderem *frühe* klassische Lymphogranulomatosen sowie auch Paragranulome. Daraus erklärt sich wohl die ausgesprochen gute Prognose, die bei seinen Kranken zu verzeichnen war.

Die *xanthöse Lymphogranulomatose* ist durch Einlagerung von anisotropen Cholesterinestern in Reticulumzellen und Fibroblasten gekenn-

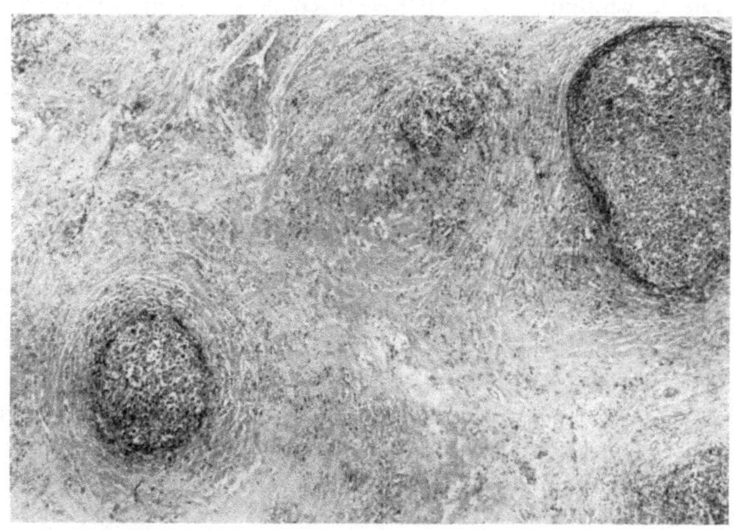

Abb. 35. Lymphogranulomatose, „sklerosierender Typ". Zwischen Narbengewebe mit Hyalinisierung nur noch einige rundliche Inseln floriden Lymphogranulomgewebes. Supraclavikulärer Lymphknoten! H.-E., 32 ×

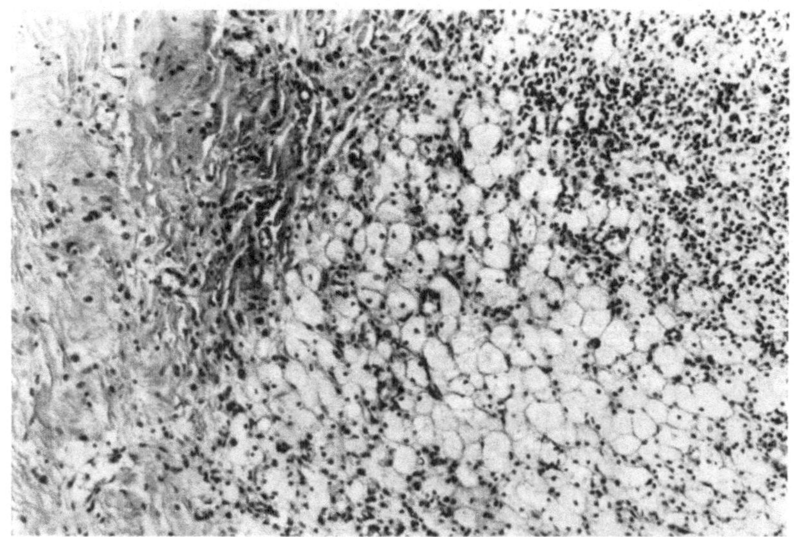

Abb. 36. Xanthöse Lymphogranulomatose. Pseudoxanthomzellen (Schaumzellen) an der Grenze von floridem zu vernarbtem Lymphogranulomgewebe. Submandibulärer Lymphknoten. H.-E., 125 ×

zeichnet. Dadurch entstehen sogenannte Schaumzellen. Makroskopisch fällt die xanthöse Lymphogranulomatose durch ihre schwefelgelbe Farbe auf. Sie wurde eingehend von LETTERER (1934) beschrieben und später von BREDT (1949) sowie neuerdings besonders von LINKE (1955) bearbeitet. Verlauf und Blutlipidwerte unterscheiden sich nicht signifikant von der klassischen Lymphogranulomatose. Die xanthöse Umwandlung des Granulationsgewebes tritt meist in fortgeschrittenen Krankheitsstadien auf, sie wird vor allem in großen Narbenfeldern und in deren Umgebung gefunden.

5. Das Wesen der Lymphogranulomatose

Trotz aller Bemühungen der letzten Jahrzehnte können wir heute noch nichts Sicheres über das Wesen der Lymphogranulomatose aussagen. Zur Zeit stehen sich vor allem zwei Ansichten gegenüber: Erstens soll die Lymphogranulomatose eine Entzündung, wahrscheinlich ausgelöst durch ein Virus, sein [zuletzt besonders von FRESEN (1958a) verfochten!]. Zweitens soll die Lymphogranulomatose eine maligne Neoplasie des lymphoretikulären Gewebes darstellen. Auch hierfür könnte man ätiologisch ein Virus (siehe besonders BOSTICK 1958) anschuldigen (WILDNER 1958).

Für beide Theorien gibt es gute Indizienbeweise. Sie sind zum Teil in der zusammenfassenden Darstellung von HOSTER u. DRATMAN (1948) aufgeführt und in der Übersicht von FRESEN (1958a) durch morphologische Aspekte bereichert worden. Sicher ist, daß die Lymphogranulomatose histologisch — vor allem in den Frühstadien, aber oft bis in die letzten Krankheitsphasen hinein — ein ausgesprochen entzündliches Bild zeigt. Koagulationsnekrosen zusammen mit Eosinophilen-Infiltraten erinnern stark an hyperergische Vorgänge. Tatsächlich hat man neuerdings durch immunelektrophoretische Untersuchungen das Vorkommen besonderer Proteine im Blut von Lymphogranulomkranken beschreiben können (GOMES DA COSTA u. Mitarb. 1961). Diese Eiweißkörper könnten für die Auslösung hyperergischer Reaktionen verantwortlich sein.

Wir haben 1953 kurz unsere derzeitige Vorstellung vom Wesen der Lymphogranulomatose angedeutet und dabei auch den möglichen Umschlag in ein Hodgkin-Sarkom berücksichtigt; denn die von uns als sicher angesehene Möglichkeit der sarkomatösen Umwandlung einer Lymphogranulomatose wäre sowohl durch die Entzündungs- wie auch die Tumortheorie nur schwer erklärbar. Wir halten folgende Theorie über Entstehung und Wesen der Lymphogranulomatose für denkbar: Die Lymphogranulomatose wird durch ein Virus hervorgerufen. Dieses siedelt sich in den Reticulumzellen des lymphoretikulären Gewebes an, und zwar im Kern oder Cytoplasma. Das Virus ruft dabei eine Störung des Nucleinsäurestoffwechsels der Zelle hervor, die mit einer hochgradigen Vergrößerung des Nucleolus einhergeht. So entstehen aus den Reticulumzellen Hodgkin-Zellen und Sternbergsche Riesenzellen. Es wäre denkbar, daß hierbei die Virus-Nucleinsäure in den Stoffwechsel der Kern-DNS eingreift (Einbau? Umsteuerung?), so daß sich die gentragende Substanz des Kernes verändert (Mutation). Die nunmehr atypische DNS bildet — über die gleichfalls sekundär veränderte RNS (messenger-RNS) — abnorme Eiweißkörper, auf deren Bildung eine Reaktion des ortsständigen Gewebes (Vermehrung von Lymphocyten und Plasmazellen, Bildung von Epitheloidzellen etc.) und eine Infiltration mit Blutzellen (neutrophile und eosinophile Granulocyten) folgen. Es entsteht der morphologische Eindruck eines entzündlichen Granulationsgewebes.

Die Veränderung der Nucleinsäuren im Kern ruft aber nicht nur eine Gewebsreaktion hervor, sie stellt auch die Grundlage für eine spätere sarkomatöse Umwandlung der Lymphogranulomatose dar: Die Zellen mit atypischem Nucleinsäurebestand sind als geschwulst-determiniert anzusehen. Erst durch zusätzliche Faktoren kann es zu einer Geschwulstrealisation, zu einem Hodgkin-Sarkom, kommen. Als Realisationsfaktoren müssen wir die gleichen Momente berücksichtigen wie in der Pathologie der übrigen Geschwülste auch. Ich nenne nur das Lebensalter. Maligne Tumoren sind jenseits der Lebenswende häufiger; dies gilt auch für das Hodgkin-Sarkom gegenüber dem klassischen Lymphogranulom und dem Paragranulom. Vor allem aber scheint die Therapie nicht wenig zur sarkomatösen Umwandlung der Lymphogranulomatose beizutragen. Man könnte sich jedenfalls vorstellen, daß eine weitgetriebene Zerstörung der reaktiven Komponente des Lymphogranulomgewebes durch Cytostatica den spezifischen Lymphogranulomzellen Tür und Tor für ein uneingeschränktes, jetzt sarkomatöses Wachstum, öffnet. Vielleicht kommt dazu noch ein stimulierender Impuls auf die spezifischen Lymphogranulomzellen selbst. Bei der Entstehung des Lymphogranulomgewebes würde das vermutete Virus somit eine Geschwulstdetermination im Sinne von Apitz, Druckrey, Butenandt hervorrufen, wogegen die Geschwulstrealisation fakultativ unter bestimmten Bedingungen in der Gestalt des Hodgkin-Sarkoms erfolgen würde.

Wir sind uns des hypothetischen Charakters dieser Theorie bewußt, glauben aber, daß sie geeignet sein könnte, scheinbar unüberbrückbare Widersprüche in Morphologie und Klinik aufzulösen und einen Ansatz zur Lösung noch offener Fragen zu geben.

VII. Gutartige Geschwülste der Lymphknoten

In den meisten Lehr- und Handbüchern der pathologischen Anatomie werden gutartige Lymphknotengeschwülste nicht aufgeführt. Und in der Tat zählen echte gutartige Tumoren in Lymphknoten zu den größten Seltenheiten, wenn man von den noch umstrittenen „benignen

Lymphomen" und dem Cystadenolymphoma papilliferum (ALBRECHT-ARZT) absieht. Es kommen nur Geschwülste des Stützgewebes und der Gefäße (Fibrome, Lipome, Hämangiome und besonders Lymphangiome) in Betracht. Doch auch hier ist die Grenze zu nicht autonomen Gewebseinlagerungen und Veränderungen fließend. So kann eine „lipomatöse Atrophie" auf Grund einer beträchtlichen Volumenzunahme des Lymphknotens klinisch und makroskopisch durchaus als Tumor („Lipom") imponieren. Eine hochgradige Lymphstauung hinwiederum täuscht u. U. ein cavernöses Lymphangiom vor.

Eine *follikuläre lymphatische Hyperplasie* kann hormonal abhängig und z.B. durch Nebennieren-Unterfunktion oder Schilddrüsen-Überfunktion bedingt sein. Eine autonome Geschwulstbildung liegt hierbei nicht vor. Schwieriger ist die Frage zu beantworten, ob man bei follikulären lymphatischen Hyperplasien von echten Geschwülsten sprechen darf, wenn sie in Form langsam wachsender Tumoren einer Lymphknotenregion auftreten. WILLIS (1960) beschreibt diese Veränderung als *„lokalisiertes benignes Lymphom"*[1]. Sie soll vor allem im Halsbereich — besonders bei Patienten mittleren Alters — vorkommen. Die Lymphknoten könnten 5 cm und mehr im Durchmesser betragen. Histologisch bestehe eine hochgradige gut ausdifferenzierte Neubildung von Lymphfollikeln mit Keimzentren. Meist sei durch einfache Ausschälung des Lymphknotens und durch Bestrahlung Heilung zu erzielen. Angeblich soll jedoch auch Übergang in Sarkom oder Leukämie vorkommen. Diese maligne Umwandlung erscheint uns sehr fraglich, sie wird auch durch kasuistische Angaben von WILLIS nicht unterbaut. Eher ist anzunehmen, daß solche maligne „entarteten" Fälle von vornherein großfollikuläre Lymphoblastome (BRILL-SYMMERS) waren.

Im Mediastinum kommt ein „lokalisiertes benignes Lymphom" vor, das offenbar weitgehend der Definition von WILLIS entspricht. Es wurde von CASTLEMAN u. Mitarb. in USA (1955, 1956) sowie von INADA u. Mitarb. in Japan (1959 und früher) beschrieben und als „localized mediastinal lymph node hyperplasia resembling thymoma" bzw. als „giant lymph node hyperplasia of the mediastinum" bezeichnet. Auch hierbei besteht klinisch und makroskopisch ein tumorartiger Eindruck. Die Follikel sind histologisch jedoch meist klein und enthalten vorwiegend rückgebildete Keimzentren, oft mit Hyalinablagerung. Dann gleichen sie oberflächlich Hassalschen Körperchen. Die Pulpa ist stark hyperplastisch und zeigt eine hochgradige Capillarvermehrung. In einem selbst beobachteten Fall[2] fanden sich in der Pulpa reichlich Lymphoblastennester. In den früher beschriebenen Fällen war gelegentlich eine

---

[1] Auch W. ST. C. SYMMERS 1958a; RAPPAPORT 1962.

[2] Ich verdanke die Präparate dieses Falles Herrn Prosektor Dr. ECK, Leipzig.

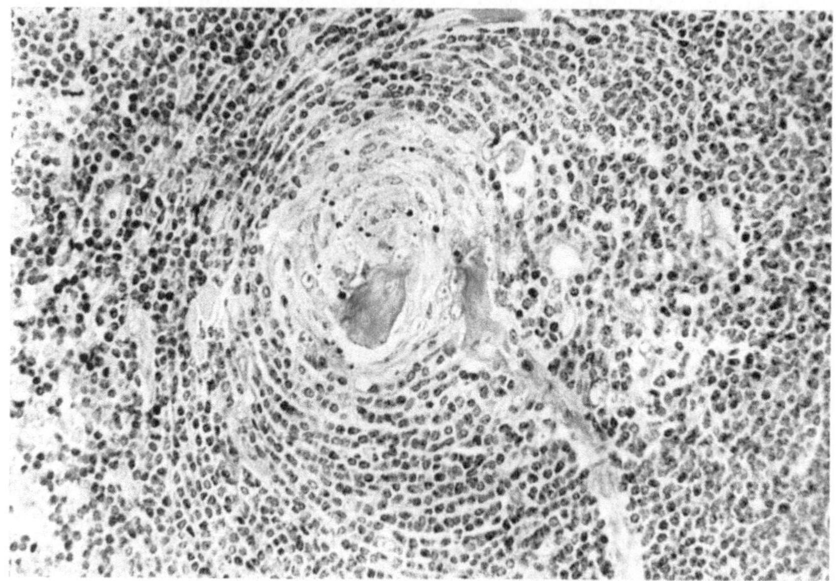

Abb. 37. „Benignes Lymphom“ des Mediastinums. Kleines rückgebildetes Keimzentrum in einem Sekundärknötchen. In dem Keimzentrum Hyalinablagerungen und Kerntrümmer. Lymphocyten konzentrisch um das Keimzentrum geschichtet. Giemsa, 250 ×

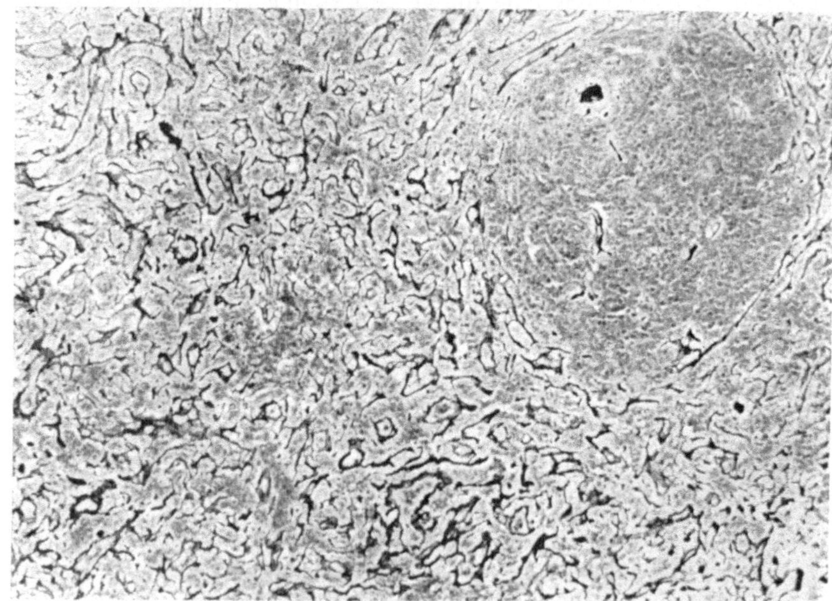

Abb. 38. „Benignes Lymphoms“ des Mediastinum. Rechts oben ein Follikel. Das übrige Gewebe stellt Pulpa mit starker Capillarvermehrung dar. Bielschowsky, 125 ×

Plasmocytose oder eine Infiltration mit Eosinophilen zu sehen. All diese Veränderungen sprechen mehr für ein reaktives denn ein autonom-tumoröses Geschehen.

Das *Cystadenolymphoma papilliferum* (ALBRECHT-ARZT)[1] wird heute weithin zu den Speicheldrüsen-, speziell Parotisgeschwülsten gezählt. Es ist schon lange bekannt (siehe z.B. LUBARSCH 1909, ASKANAZY, zit. bei STERNBERG 1926), daß in den Parotis-nahen Lymphknoten häufig Speicheldrüsengewebe (besonders Drüsenausführungsgänge!) eingeschlossen ist. Bei kleinen Excisionen kann man im Zweifel sein, ob es sich um Speicheldrüsen mit lymphatischem Gewebe oder um Lymphknoten mit Speicheldrüsengewebe handelt. Dieses Nebeneinander beider Gewebsarten wurde bei Untersuchung der Lymphknoten von „neck dissections" wieder häufig registriert (FOOTE u. FRAZELL 1954). Es liegt daher nahe, die gemeinsame Wucherung von drüsigen und lymphatischen Strukturen beim Albrecht-Arzt-Tumor auf die häufige Koexistenz beider Gewebsarten im Parotisbereich zu beziehen und eine dysontogenetische Geschwulst anzunehmen. Gegen die Ansicht, daß ein papilläres Adenom in einem regelrecht entwickelten Lymphknoten vorliege, wendet sich mit Recht VON ALBERTINI (1955); denn man vermißt immer den üblichen Lymphknotenaufbau, speziell konnte VON ALBERTINI keine Sinus nachweisen.

Für die *Adenolymphome der Parotis*[2] („benigne lymphoepitheliale Läsionen") ist die Beziehung zum Morbus Mikulicz (siehe unter lymphatischer Leukämie) noch zu klären. Unseres Erachtens sind diese Fälle wenigstens zum Teil dem Morbus Mikulicz zuzuordnen.

VIII. Maligne Neoplasien des lymphatischen Gewebes

Auf dem Gebiet der Lymphocytenmorphologie wurden in den letzten Jahren manche Fortschritte erzielt. GRUNDMANN (1958a—c, 1959a) hat zeigen können, daß es *bei der Ratte* zwei Lymphocytentypen gibt, nämlich einerseits mononucleoläre Formen, die von den Follikeln, speziell den Keimzentren der Sekundärknötchen, abgeleitet werden („Follikellymphocyten"), und andererseits polynucleoläre Formen, die in Nähe der Sinus von Lymphknoten und Milz entstehen („Sinuslymphocyten"). GRUNDMANN (1959b) hat diese zwei Lymphocytentypen auch in Blut und lymphatischen Geweben des Menschen beschrieben und erste Untersuchungen am Blut von lymphatischen Leukämien, Makroglobulinämien und dergleichen angestellt (1960, 1962): Danach sollen lymphatische Leukämien fast ausschließlich eine Proliferation und Ausschwemmung von mononucleolären Lymphocyten, Makroglobulinämien (Walden-

[1] Literatur bei ROTTER u. BÜNGELER 1955.

[2] FOOTE u. FRAZELL 1954; VON ALBERTINI 1955.

ström) im Blut eine Vermehrung der polynucleolären Lymphocyten zeigen. Erste eigene Nachprüfungen haben enttäuscht: Wir konnten bisher weder lymphatische Leukämien und Makroglobulinämien nach dem Lymphocytentyp der Blutausstriche unterscheiden noch waren wir in der Lage, die Zellrasse der „Sinuslymphocyten" in Lymphknoten-Tupfpräparaten von erwachsenen *Menschen* mit Hilfe der Nucleolenfärbung einwandfrei zu identifizieren. Außerdem ist es auf Grund tierexperimenteller Untersuchungen von FLIEDNER u. Mitarb. (1961) strittig geworden, ob die mononucleolären Lymphocyten tatsächlich in den Keimzentren der Lymphfollikel gebildet werden. GRUNDMANN (1962) glaubt dies nach wie vor, FLIEDNER neigt eher zu der Annahme, daß in den Keimzentren eine eigene Zellrasse, die nicht den Lymphocyten entspricht, gebildet wird. Diese Zellrasse könnte entsprechend ihren Vorstufen, den von uns so genannten Germinoblasten (LENNERT 1957), als Germinocyten bezeichnet werden. Es ist möglich, daß diese Zellen den „Hämatogonien" von ROSENTHAL u. Mitarb. (1952) entsprechen, welche beim großfollikulären Lymphoblastom oft in großer Zahl ins Blut gelangen.

Diese neuerdings wieder aufkommende Unsicherheit bezüglich der normalen Lymphocytenbildung überschattet auch die Pathologie der Lymphocyten und vor allem der lymphatischen Neubildungen. Wir haben guten Grund zu der Annahme, daß die Unsicherheit hinsichtlich der normalen Lymphopoese bald durch eindeutige experimentelle Befunde behoben sein wird, und daß dann eine fundierte Systematik der Neoplasien des lymphatischen Gewebes geschaffen werden kann. Bis dahin müssen wir uns bescheiden und versuchen, trotz der noch unvollkommenen normal-anatomischen Vorkenntnisse mit den gebräuchlichen hämatologischen, anatomischen und histologischen Methoden eine Einteilung der lymphatischen Neubildungen zu geben.

Wir gehen so vor, daß wir zuerst die follikuläre Neubildung des lymphatischen Gewebes, das großfollikuläre Lymphoblastom (BRILL-SYMMERS), besprechen und uns dann den nicht knötchenförmigen diffusen Neoplasien der Lymphocyten und ihrer Vorstufen zuwenden. In diesem Kapitel werden vor allem lymphatische Leukämie, Lymphosarkom und Leukosarkomatose abgehandelt. Anhangsweise werden wir dann kurz über die Makroglobulinämie Waldenström berichten, deren nosologische Einordnung heute noch umstritten ist: Man hält sie überwiegend für eine „lymphoide Reticulose". Andere Autoren sprechen jedoch auch von einer lymphatischen Neubildung. Da die Ausgangszelle der Proliferation noch nicht eindeutig anzugeben ist und da die Morphologie der gewucherten Zellen oft mehr Lymphocyten als Reticulumzellen gleicht, fügen wir die Makroglobulinämie Waldenström bei den lymphatischen Neubildungen an.

1. Großfollikuläres Lymphoblastom (Brill-Symmers) [1]

Das großfollikuläre Lymphoblastom wurde anscheinend zuerst von GHON u. ROMAN 1916, von BRILL, BAEHR u. ROSENTHAL (1925) und D. SYMMERS (1927) beschrieben. Es ist jedoch durchaus möglich, daß in dem vorhergegangenen Schrifttum entsprechende Fälle bereits dargestellt sind, freilich ohne die Eigenständigkeit ihrer Morphologie zu kennzeichnen. Es hat auch nach den Publikationen von BRILL u. Mitarb. sowie D. SYMMERS noch lange gedauert, bis der neuentdeckte Tumor allgemeine Anerkennung fand und richtig diagnostiziert wurde. Auch heute noch ist das großfollikuläre Lymphoblastom von allen Neubildungen des lymphatischen Gewebes am schlechtesten definiert. Ja, es erging einem der Entdecker des großfollikulären Lymphoblastoms, nämlich D. SYMMERS, ähnlich wie 100 Jahre vorher HODGKIN: Er erkannte wohl die Besonderheit der follikulären Neubildung, wußte aber gewisse ähnlich aussehende und wesensverschiedene Lymphknotenveränderungen — wie z.B. die lipomelanotische Reticulocytose — noch nicht zu unterscheiden, weshalb in der Kasuistik von D. SYMMERS auch reaktive Lymphknotenveränderungen enthalten sind. Diese Unsicherheit pflanzte sich bis auf den heutigen Tag fort, so daß die Diagnostik des großfollikulären Lymphoblastoms weithin noch sehr im argen liegt.

Daß es sich beim großfollikulären Lymphoblastom um einen Tumor des lymphatischen Gewebes handelt, wird von keiner Seite bestritten. Die einzigen Differenzen bestehen in der Beurteilung der Dignität der Geschwulst. VON ALBERTINI u. RÜTTNER (1950) sehen die Neoplasie als eine „latente Präsarkomatose" an, die zwischen gut- und bösartiger Geschwulst stehe und erst sekundär in eine maligne Neoplasie übergehe. Dagegen hat sich im anglo-amerikanischen Raum die Auffassung weitgehend durchgesetzt, daß von vornherein eine maligne Neoplasie vorliege. Diese Ansicht wird vor allem durch die außergewöhnlich große Untersuchungsreihe (253 Fälle!) von RAPPAPORT, WINTER u. HICKS (1956) gestützt. Freilich zählen diese Autoren alle knötchenförmig erscheinenden Proliferationen ohne Rücksicht auf die Zellart zu dem großfollikulären Lymphoblastom. So unterscheiden sie einen gut ausdifferenzierten und wenig ausdifferenzierten lymphocytären Typ, einen Mischtyp, der aus undifferenzierten Lymphocyten und Reticulumzellen bestehe, einen Reticulumzelltyp und einen Hodgkin-Typ (auch WRIGHT u.a.). Sie folgern aus ihren Untersuchungen, daß das großfollikuläre Lymphoblastom wohl als maligne Neoplasie anzusehen sei, daß diese Neoplasie aber keine distinkte Krankheitseinheit, sondern die knötchenförmige Variante verschiedener

[1] D. SYMMERS 1938, 1948; JACKSON u. PARKER 1947; VETTE 1950; WHETHERLEY-MEIN, SMITH, GEAKE u. ANDERSON 1952; BILGER 1954; LUMB 1954; FRESEN 1956; RAPPAPORT, WINTER u. HICKS 1956; SLUITER 1956; E.I.C. WRIGHT 1956; ZANGE 1956; W. ST. C. SYMMERS 1958a.

diffuser Lymphome darstelle. Es erscheint uns aber nicht zweckmäßig, die oft nur zu Beginn knötchenförmige Proliferation der verschiedenen angeführten „Lymphome“ zum führenden morphologischen Merkmal zu erklären und danach die Klassifizierung in diffuse und follikuläre Neoplasien vorzunehmen. Dann wäre das großfollikuläre Lymphoblastom wiederum nur ein Sammeltopf von Neoplasien der verschiedensten Art. Nach unserer Ansicht sollte man als großfollikuläres Lymphoblastom nur jene knötchenförmigen Neubildungen bezeichnen, die von den Zellen der Keimzentren (Germinoblasten, möglicherweise auch „Germinocyten“) abzuleiten sind. Es spricht weiterhin viel dafür, daß das großfollikuläre Lymphoblastom von vornherein als maligne Neoplasie und nicht als Präsarkomatose aufzufassen ist. Freilich, der Malignitätsgrad ist zu Beginn der Erkrankung meist niedrig: Es besteht ein relativ geordnetes histologisches Bild, wir können von einer hohen Differenzierung sprechen. Gleichzeitig sind fast keine klinischen Allgemeinerscheinungen nachweisbar (niedrige Blutsenkungsgeschwindigkeit, relativ gute Leistungsfähigkeit der Patienten). Erst in den späteren Krankheitsphasen kann es zu einer wenigstens scheinbaren „Entdifferenzierung“ kommen, d. h. die Follikel „bersten“ und die follikulären Strukturen gehen weitgehend verloren. Dabei ändert sich das Zellbild aber in der Regel nicht. Eine „sarkomatöse Umwandlung“ liegt daher unseres Erachtens nicht vor.

Wie sollen wir aber das großfollikuläre Lymphoblastom jetzt bezeichnen. Etwa als „diffus wachsendes großfollikuläres Lymphoblastom“? Die Schwierigkeit in der Benennung wäre leicht zu beheben, wenn man sich entschlösse, die Begriffe Germinoblastom (großzellig) und Germinocytom (kleinzellig) anzuwenden. Dann wäre wieder das führende Kriterium für die Benennung die gewucherte Zellrasse und nicht eine fakultativ nachweisbare Wachstumseigentümlichkeit der Zellen. Man könnte dann von einem follikulären und einem diffus wachsenden Germinoblastom bzw. Germinocytom sprechen. Wir möchten uns für diese Bezeichnungen nicht einsetzen, so lange wir über die Entwicklungsrichtung der Germinoblasten und die Entstehung der Lymphocyten unter orthologischen Bedingungen nicht besser unterrichtet sind.

Synonyma. Makrofollikuläres Lymphom, follikuläres Lymphoblastom, follikuläre Reticulose, lymphoide follikuläre Reticulose, giant follicular lymphadenopathy, giant follicle hyperplasia, follicular lymphoma usw.

Vorkommen. Das großfollikuläre Lymphoblastom ist nicht gerade häufig. Es macht in den großen Statistiken der anglo-amerikanischen Literatur (Gall u. Mallory 1942; Jackson u. Parker 1947; Lumb 1954; W. St. C. Symmers 1958a) zwischen 4,6 und 7,1% aller malignen Lymphome einschließlich des Morbus Hodgkin aus.

Es betrifft zu etwa zwei Drittel das männliche Geschlecht. Die Altersverteilung zeigt nach der großen Zusammenstellung von W. St. C. Symmers (1958a) einen ersten flachen Gipfel zwischen dem 20. und 30. Lebensjahr (wie die Lymphogranulomatose!) und einen steilen Gipfel im 6. Jahrzehnt (wie ein Teil der übrigen malignen Lymphome). Nach einer Zusammenstellung von 376 Fällen, die aus den Arbeiten von JACKSON u. PARKER; WRIGHT, RAPPAPORT u. Mitarb. sowie W. ST. C. SYMMERS entnommen sind, haben wir die Altersverteilung der Abb.30 ermittelt. Danach ist nur ein Gipfel im 6. Jahrzehnt festzustellen.

Obwohl die Lymphknotenschwellung oft weit verbreitet ist, findet man doch am häufigsten einen Befall der Halslymphknoten. LUMB gibt für 63% seiner Fälle die Primärlokalisation im Halsbereich an. JACKSON u. PARKER dagegen fanden etwas häufiger die Leistenlymphknoten als die Halslymphknoten zuerst vergrößert. Wir haben das großfollikuläre Lymphoblastom wiederholt in den Tonsillen nachgewiesen, bevor Lymphknoten zur Untersuchung gelangten.

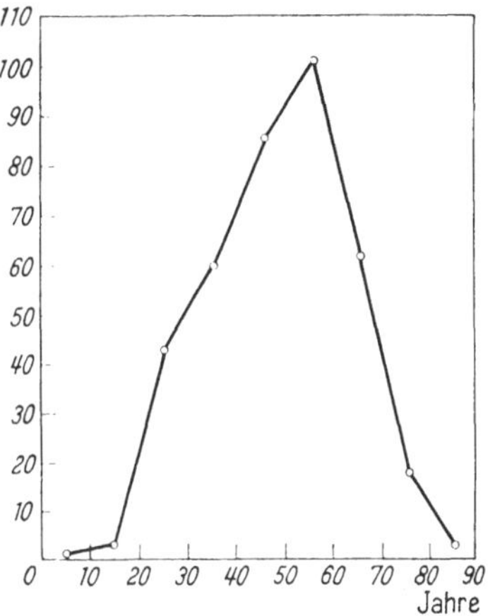

Abb. 39. Altersverteilung des großfollikulären Lymphoblastoms (BRILL-SYMMERS). Nach 376 Fällen der Literatur

Histologie. Wir unterscheiden zwei Formen des großfollikulären Lymphoblastoms:

1. den großzelligen Typ („lymphoblastischer Typ“, „Germinoblastom“),
2. den kleinzelligen Typ („lymphocytärer Typ“, „Germinocytom“).

Der großzellige Typ scheint seltener zu sein. Man findet hierbei eine Wucherung von basophilen Zellen, die weitgehend der Morphologie der Germinoblasten entsprechen. Sie kommen auch wie diese in verschiedenen Größen vor. Das Plasma ist schmal bis mäßig breit. Gelegentlich findet man mehrkernige Riesenzellen (STAHEL 1943; MARTINI u. WENDEROTH 1950; BILGER 1954; LENNERT 1960), die in unseren Präparaten von den Sternbergschen Riesenzellen auf Grund ihrer starken Basophilie unterschieden werden konnten. Zwischen den Germinoblasten liegen noch verschieden reichlich kleine Zellen mit sehr schmalem, oft nicht mehr erkennbarem Plasma und unregelmäßig eckigen, selten runden Kernen („Germinocyten“) sowie einzelne größere Reticulumzellen.

Der kleinzellige Typ ist wesentlich häufiger. Hierbei findet man ausschließlich die eben erwähnten kleinen Zellen („Germinocyten“), die sich durch ihre unregelmäßige Kernform von den typischen Lymphocyten und durch ihre kräftigere Kernfärbbarkeit von den Reticulumzellen unterscheiden. Es besteht meist ein recht monotones Zellbild, ja, selbst die follikuläre Struktur ist bei gewöhnlicher Hämatoxylin-Eosin- oder Giemsa-Färbung oft nur schwer erkennbar. Dies gelingt jedoch mühelos durch Silberimprägnation der Gitterfasern: Man sieht dann im

Bielschowsky-Präparat die faserfreien Follikel umgeben von einer faserreichen Pulpa, in der neben dicht gelagerten Lymphocyten auch zahlreiche Capillaren darstellbar sind. Das gleiche Verhalten der Gitterfasern

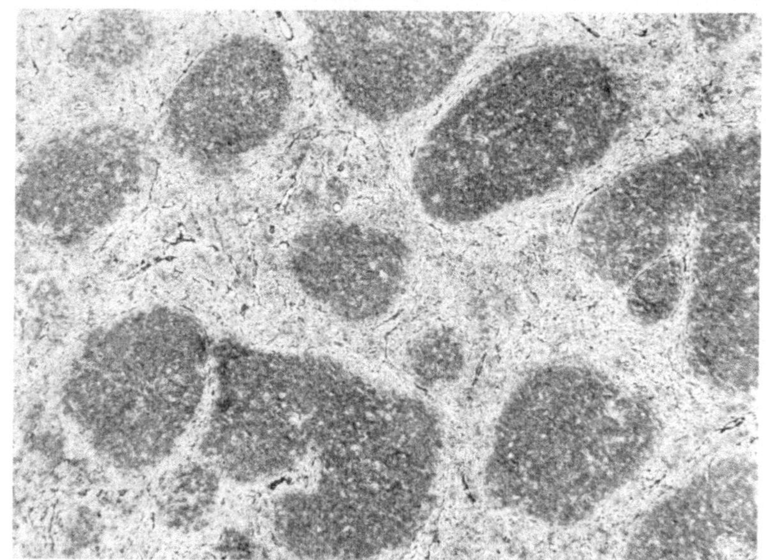

Abb. 40. Großfollikuläres Lymphoblastom (BRILL-SYMMERS) bei Übersichtsvergrößerung im Faserpräparat. Bielschowsky, 32 ×

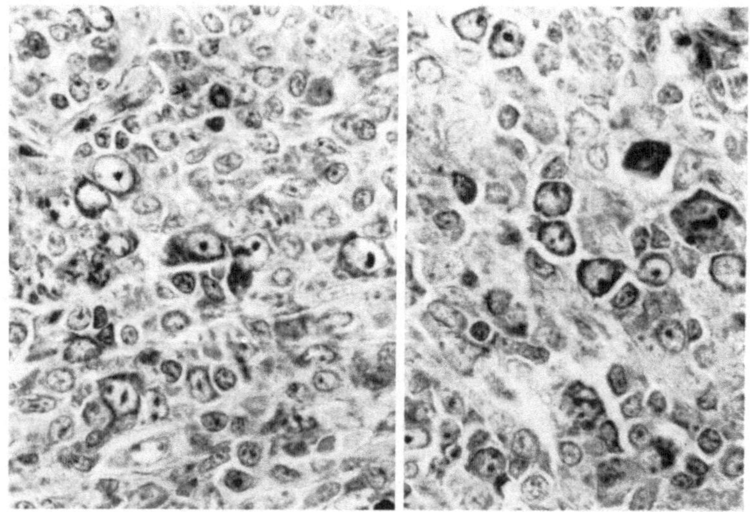

Abb. 41. Großfollikuläres Lymphoblastom (BRILL-SYMMERS) mit zahlreichen Germinoblasten aller Größen. Dazwischen kleine Zellen mit unregelmäßigen Kernformen („Germinocyten"). Giemsa, 625 ×

findet man beim großzelligen Typ. Die Interpretation des großfollikulären Lymphoblastoms als „Reticulom" (FRESEN 1956) oder als „Reticulose" erfährt somit durch das Faserbild unseres Erachtens keine Stütze.

Die Abgrenzung des großfollikulären Lymphoblastoms muß vor allem gegenüber der follikulären lymphatischen Hyperplasie erfolgen, sie ist jedoch bisweilen sehr schwierig. RAPPAPORT u. Mitarb. haben Kriterien

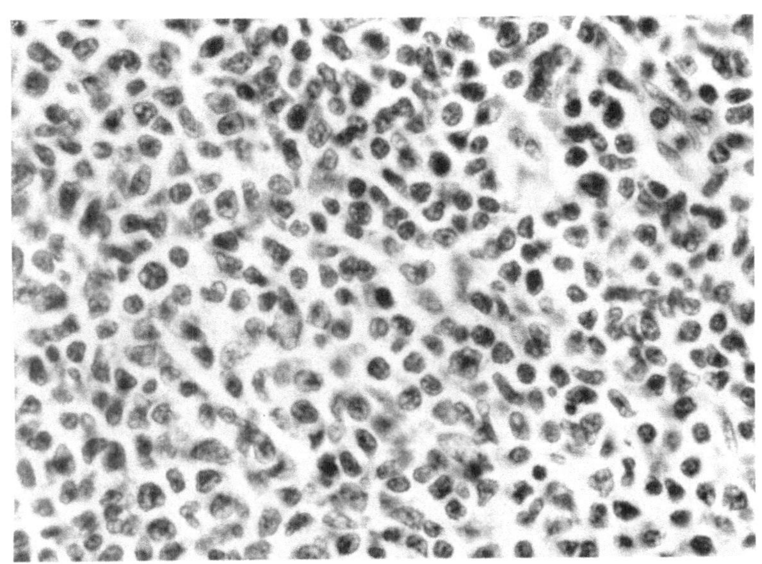

Abb. 42. Großfollikuläres Lymphoblastom (BRILL-SYMMERS). Kleinzelliger Typ. Rechts oben noch Reste von Lymphocyten aus der Umgebung des hellen Zentrums. H.-E., 625 ×

zur Unterscheidung der reaktiven Hyperplasie von der malignen Neoplasie angegeben. Wir haben sie an anderer Stelle ausführlich zitiert (LENNERT 1961a). Hier seien nur die wichtigsten Gesichtspunkte angeführt:

1. Beim großfollikulären Lymphoblastom ist die Struktur zerstört. Der Tumor dringt in Form von Follikeln infiltrierend in das umgebende Gewebe (besonders gut in Fettgewebe erkennbar!) vor, die Sinus lassen sich nicht abgrenzen. Bei der lymphatischen Hyperplasie findet man diese Veränderungen nicht.

2. Dagegen sieht man bei der follikulären lymphatischen Hyperplasie oft weitere Zeichen des reaktiven Geschehens, wie Plasmazellvermehrung, Mastocytose oder Sinuskatarrh. Nach all diesen Veränderungen sucht man beim großfollikulären Lymphoblastom vergebens.

3. Der großzellige Typ des großfollikulären Lymphoblastoms läßt fast stets sogenannte Sternhimmelzellen (große Reticulumzellen mit Kerntrümmerphagocytose) in den Keimzentren vermissen; dagegen ist diese Zellart bei reaktiven Hyperplasien häufig nachweisbar.

4. Die Follikel sind beim großfollikulären Lymphoblastom im Durchschnitt kleiner als bei der lymphatischen Hyperplasie, Riesenfollikel sprechen mehr für Reaktion als für Neoplasie.

5. Ein hoher Mitosegehalt darf nicht den Verdacht auf Malignität erwecken, das Gegenteil ist der Fall: Beim großfollikulären Lymphoblastom findet man meist nur relativ wenige Mitosen, während die Mitosenzahl in hyperplastischen Follikeln häufig sehr hoch ist.

Endphasen des großfollikulären Lymphoblastoms. Wenn man ein großfollikuläres Lymphoblastom jahrelang beobachtet und wiederholt untersucht, findet man in einem hohen Prozentsatz der Fälle einen Verlust der follikulären Struktur: Der Tumor wächst schließlich diffus. Diese Umwandlung hat man als „*sarkomatöse Endphase*“ bezeichnet. Man spricht von Lymphosarkomen und Reticulosarkomen. Unseres Erachtens ist es noch nicht erwiesen, ob dieses diffuse Wachstum tatsächlich einer „sarkomatösen Entartung“ entspricht, wie wir oben bereits ausführten. Wir neigen eher zu der gegenteiligen Auffassung. Sicher ist jedoch, daß sich bei einem großfollikulären Lymphoblastom zu Beginn oder in späteren Stadien zusätzlich ein Reticulosarkom entwickeln kann. Dieses unterscheidet sich durch seine abweichende Cytologie und Faserarchitektur völlig von dem großfollikulären Lymphoblastom.

Neben der „sarkomatösen Umwandlung“ wurde wiederholt über eine Ausschwemmung der Tumorzellen unter dem Bild einer „*lymphatischen Leukämie*“ berichtet (siehe vor allem ROSENTHAL, DRESKIN, VURAL u. ZAK 1952). Dabei treten im Blut Zellen auf, die von ROSENTHAL u. Mitarb. als Hämatogonien bezeichnet werden und die wir als Keimzentrumszellen (Germinoblasten und vor allem Germinocyten) ansehen. Sie sind lymphocytenähnlich, jedoch etwas größer und besitzen ein sehr schmales, oft kaum erkennbares basophiles Plasma.

Prognose. Bezüglich der Prognose des großfollikulären Lymphoblastoms herrscht allgemeine Übereinstimmung, daß der Tumor die beste Prognose aller malignen Geschwülste des lymphatischen Gewebes hat und in seiner durchschnittlichen Krankheitsdauer zwischen Paragranulom und klassischem Lymphogranulom steht (W. ST. C. SYMMERS 1958a). Doch kommen extrem kurze und extrem lange Verläufe (bis 15 und mehr Jahre) vor. Als durchschnittliche Dauer gaben JACKSON u. PARKER etwa 6 Jahre an. LUMB fand 62,5% „Fünfjahresheilungen“. In dem Untersuchungsgut von RAPPAPORT u. Mitarb. zeigen die kleinzelligen Typen I und II eine 5jährige Überlebenszeit von 55 bzw. 50% der Fälle, während die großzelligen Typen III und IV nur 16 bzw. 20% „Fünfjahresheilungen“ aufweisen.

Soweit wir unser eigenes Untersuchungsgut bereits zu einem Vergleich heranziehen können, war die Prognose in unseren Fällen durchschnittlich schlechter als in den Statistiken der anglo-amerikanischen Autoren.

Trotz des oft über Jahre hinaus gutartigen Verhaltens endet die Erkrankung immer tödlich. Geheilte und manche ungewöhnlich lange verlaufenen Fälle der Literatur sind sicherlich großenteils als Fehldiagnosen anzusehen.

2. Lymphadenose und Lymphosarkom

Die Klassifikation der diffusen lymphatischen Neubildungen ist derartig uneinheitlich, daß es bei einem Studium verschiedener Arbeiten ohne eigenes Urteil nicht gelingt, die mannigfachen Einteilungsversuche miteinander abzustimmen. Fast jeder Hämatologe oder Pathologe hat seine eigene Nomenklatur und Vorstellung von dem Wesen der einzelnen Neoplasien. Der zur Verfügung stehende Raum verbietet mir, auf alle wichtigen Einteilungsversuche einzugehen. Ich möchte stattdessen einen eigenen Klassifikationsversuch zur Diskussion stellen, der die cytologischen Gesichtspunkte des Klinikers ebenso wie die histologischen und

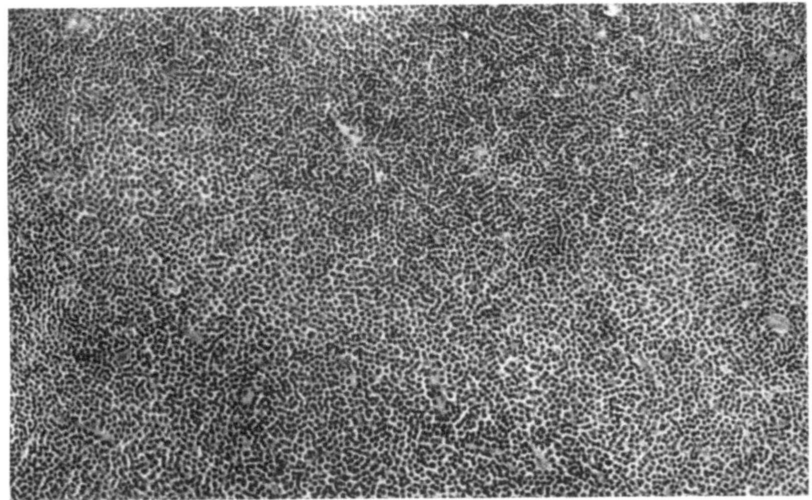

Abb. 43. Reifzellige Lymphadenose (chronische lymphatische Leukämie). Monotones Zellbild. Verwischte Struktur. H.-E., etwa 150 ×

makroskopischen Befunde des Pathologen berücksichtigt und der sich auf einige Hundert bioptisch und autoptisch studierte Fälle stützt. An diesen Fällen haben wir alle uns zugänglichen Klassifikationen der Literatur „geeicht", so daß wir schließlich einen eigenen Standpunkt gewinnen konnten.

Bevor wir nach histologischen Kriterien die diffusen lymphatischen Neubildungen klassifizieren, müssen wir zwei Grundbegriffe klären: Was ist eine Lymphadenose und was ist ein Lymphosarkom? Zwar stehen viele Forscher — mit Apitz (1937) — auf dem Standpunkt, beide Krankheiten seien verschiedene Erscheinungsformen der gleichen Neoplasie. Uns scheint dieser Standpunkt, vor allem cytologisch, noch nicht genügend unterbaut. Wir ziehen es daher vor, trotz aller echten und scheinbaren Übergänge, beide Begriffe noch bestehen zu lassen und differenziert zu gebrauchen. Wir stützen uns dabei wie M. B. Schmidt vor allem auf das makroskopische Bild und ziehen außerdem das morphologische Verhalten der gewucherten Zellen in Schnitt und Ausstrich als Unterscheidungsmerkmal heran. Im einzelnen sprechen wir von Lymphadenose („lymphatische Leukämie"), Lymphosarkom und tumorbildender Lymphadenose (Kombination von Lymphadenose und Lymphosarkom).

a) Lymphadenose. Unter Lymphadenose verstehen wir eine relativ gleichmäßige (nicht knotenförmige!) Infiltration der blutbildenden Organe (Milz, Leber, Knochenmark) sowie eine weitgehend generalisierte Lymphknotenschwellung geringen bis mäßigen Grades. Die Lymphknotengrenzen erscheinen beim Betrachten mit bloßem Auge gewahrt. Histologisch ist die Lymphknotenkapsel wohl durchbrochen, ein infiltrierend-*destruierendes* Wachstum wird aber nicht beobachtet.

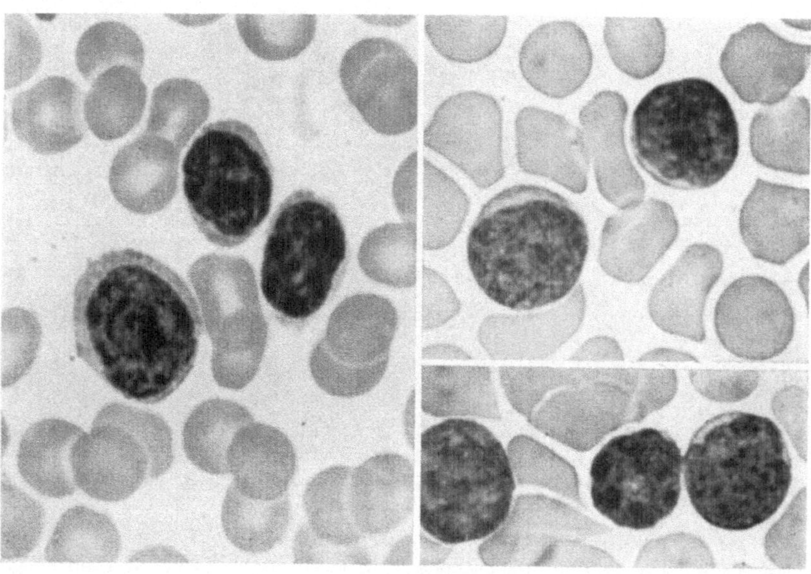

Abb. 44. Reifzellige und unreifzellige lymphatische Leukämie im Blutausstrich. Links: typische chronische lymphatische Leukämie. Außer zwei Lymphocyten mit dunklem Chromatin auch ein Lymphoblast mit feinerem hellerem Chromatin. Rechts: „Leukosarkomatose". Verschieden große Zellen einer Rasse, die durchschnittlich größer als Lymphocyten sind. Kernstruktur gleich! Pappenheim, 1250 ×

Je nach dem Blutbild kann man aleukämische, subleukämische und leukämische Formen unterscheiden. Die Grenzen dieser drei Formen sind willkürlich etwa so festzusetzen: aleukämisch = weniger als 3000 Lymphocyten pro mm^3 (die Prozentzahlen der Lymphocyten sind nicht zu verwerten! Absolutzahlen errechnen!); subleukämisch = über 3000 Lymphocyten pro mm^3; leukämisch = über 20000 Lymphocyten pro mm^3. Nicht selten beginnt eine lymphatische Leukämie aleukämisch oder subleukämisch und endet mit hohen Lymphocytenzahlen. Das Zellbild im Schnitt und vor allem im Tupfpräparat gestattet eine weitere wichtige Unterscheidung: Es gibt reife und unreife Lymphadenosen.

Bei der *reifen* Lymphadenose — der klassischen *chronischen lymphatischen Leukämie des Erwachsenen* — setzt sich die Zellproliferation im

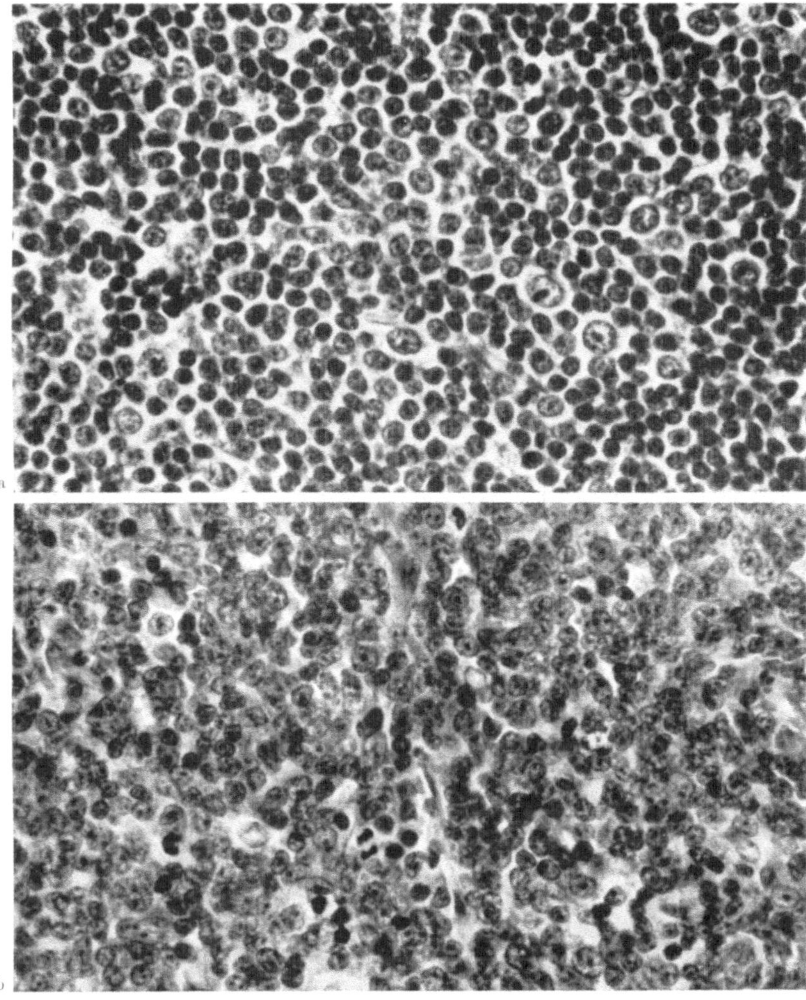

Abb.45 a und b. Der gleiche Unterschied von reifzelliger und unreifzelliger lymphatischer Leukämie im Lymphknotenschnitt. a typische chronische lymphatische Leukämie. Zahlreiche Lymphoblasten zwischen den Lymphocyten. b Eine Zellrasse von deutlich größeren Zellen mit hellerem Kern und massenhaften Mitosen. H.-E., etwa 600 ×

Lymphknoten ganz überwiegend aus den typischen Lymphocyten zusammen, die von den entsprechenden Vorstufen (Lymphoblasten etc.) gebildet werden. Diese können bei Wachstumsschüben vorübergehend stärker vermehrt sein. Dann sieht man auch reichlich Mitosen, die in den sonst lymphoblastenarmen Schnitten immer nur in kleinster Zahl vorkommen. Zwischen den Lymphocyten liegen spärlich bis mäßig reichlich Gitterfasern, die mit den lymphatischen Zellformen nicht in Kontakt stehen.

Als *Synonyma* seien angeführt: Lymphocytom (JACKSON u. PARKER 1947), lymphocytic, lymphogenous, lymphoid leukemia, lymphocytic form of lymphoblastoma (BERMAN 1953), lymphocytic type of diffuse lymphoma (RAPPAPORT u. Mitarb. 1956).

Die chronische Lymphadenose kommt nur im Erwachsenenalter und zwar vorwiegend im 6.—7. Jahrzehnt vor. Unser jüngster Patient war 39, unser ältester 94 Jahre alt. Männer sind etwa zwei- bis dreimal so häufig befallen wie Frauen.

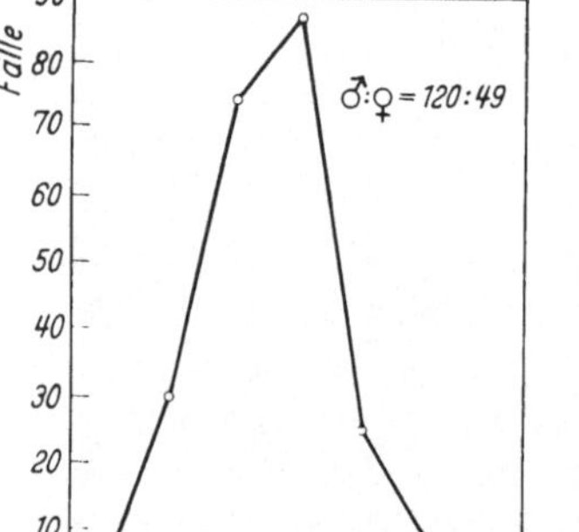

Abb. 46. Altersverteilung bei reifzelliger Lymphadenose (chronische lymphatische Leukämie). Nach 169 eigenen Fällen

Die Lebenserwartung ist besser als bei allen anderen Leukämien. Es wurden Durchschnittszahlen von 27—52 Monaten berechnet (Literatur bei LINKE u. ULMER 1953). Verläufe von 10 Jahren und mehr sind nicht ganz selten. Bei solch langer Krankheitsdauer besteht meist nur eine geringe Vermehrung der Blutlymphocyten.

Die *unreife* Lymphadenose nennen STERNBERG (1926 und früher) und zahlreiche andere Autoren des anglo-amerikanischen und französischen Schrifttums *Leukosarkomatose*; allerdings gehört zur Sternbergschen Definition der Nachweis von makroskopisch tumorartigem Wachstum. Diese tumorbildenden unreifen lymphatischen Leukämien werden in der 3. Gruppe zusammenfassend besprochen. Das histologische Kennzeichen der „Leukosarkomatosen“ ist die monotone, relativ großzellige „Lymphoblasten“-Wucherung, die keinerlei Ausreifungszeichen erkennen läßt. Sie stimmt cytologisch vollkommen mit dem Lymphosarkom überein; d. h., es findet sich nur *eine* Zellrasse, die größer und schwächer gefärbt ist als die normalen und leukämischen Lymphocyten. Sie zeigt wohl eine deutliche Polymorphie — die Zellen sind selten rund! —, doch sieht man niemals die verschiedenen Reifestufen der Lymphopoese, bei welchen unter anderem Größe und Färbbarkeit der Kerne miteinander korrespondieren (kleine Kerne dunkel, große Kerne hell!). Der Gehalt an Gitterfasern ist gering. Die Faseranordnung gleicht weitgehend derjenigen der Paramyeloblastenleukämie. Es bestehen keine Beziehungen der Fasern zu neugebildeten Zellen.

Lymphatische Leukämie und Leukosarkomatose (reife und unreife Lymphadenose) lassen sich nach den im Schnitt geltenden Kriterien auch im *Blutausstrich* unterscheiden (siehe Abb. 44): Bei der chronischen reifzelligen Lymphadenose kreisen im Blut neben kleinen Lymphocyten auch einige größere Vorstufen (Lymphoblasten), deren Chromatingerüst fein ist gegenüber dem grobklumpigen Chromatin der Lymphocyten. Die Leukosarkomatose schwemmt Zellen mit höherem Durchmesser aus. Diese besitzen *alle die gleiche feine Chromatinstruktur*. Die Kerne sind teils rundlich, teils auch unregelmäßig ausgebuchtet oder gelappt. Das Protoplasma ist sehr schmal, die Kernplasmarelation ist erheblich zugunsten des Kernes verschoben.

Der Verlauf der Leukosarkomatose ist subakut bis subchronisch. Nach ROSENTHAL (1954) sterben die Kranken meist im 1., spätestens im 2. Halbjahr. Die durchschnittliche Lebenserwartung unserer Fälle betrug 6,8 Monate. Meist erfolgte der Tod in den ersten 5 Monaten nach Diagnostizierung; ein Patient verstarb erst nach 18 monatiger Beobachtung. Die Leukocytenzahlen des Blutes halten sich meist in mäßigen Grenzen. Betroffen sind auch Jugendliche und junge Erwachsene.

Als *Synonyma* der unreifen Lymphadenose (Leukosarkomatose) seien genannt: Lymphoblastenleukämie (UNDRITZ 1952; BESSIS 1954), Paralymphoblastenleukämie (SCHOEN, HECKNER u. MARSCH 1953 u.a.), lymphosarkomatöse Leukämie (TISCHENDORF 1946), Lymphoblastom (JACKSON u. PARKER 1947), lymphoblastic form of lymphoblastoma (BERMAN 1953), lymphoblastic type of diffuse lymphoma (RAPPAPORT u. Mitarb.).

Neben die primär unreife Lymphadenose, die Leukosarkomatose, ist eine sekundäre unreifzellige Variante zu stellen: Der *„Lymphoblastenschub" der chronischen reifzelligen Lymphadenose*. Dieser tritt viel seltener auf als der Myeloblastenschub der chronischen Myelose, aber wir haben doch einige sichere derartige Fälle beobachten können. Sie gehen pathologisch-anatomisch oft mit Tumorbildung einher.

Die *„Paraleukoblastenleukämie"* des Kindes- und Jugendalters sieht histologisch ähnlich aus, die Unterscheidung ist sehr schwierig. Man kann heute noch nicht sicher sagen, ob diese Leukämieform tatsächlich als unreife Lymphadenose aufzufassen ist. Es spricht zwar vieles dafür — z. B. die oft hochgradige Infiltration des Thymus und das gute Ansprechen auf Corticoid-Behandlung —, doch haben alle bisherigen Versuche einer eindeutigen cytologisch-histologischen Definition eine allseitig anerkannte Entscheidung nicht herbeiführen können.

b) Lymphosarkom. Das erste Kriterium des Lymphosarkoms ist wiederum makroskopischer Art. Man findet ein ausgesprochen tumorartiges Bild: Die Lymphknoten sind — oft in einer oder in wenigen Regionen — stärkstens vergrößert und zu großen Paketen verschmolzen; die Sarkomzellen dringen infiltrierend-*destruierend* in die Umgebung vor. Auch innerhalb des Lymphknotens besteht ein infiltrierend-destruierendes Wachstum. Dies kann man z.B. bei saurer Phosphatasereaktion gut erkennen. Der durch die fermentaktiven Retothelien gut markierte

Sinus wird von den fermentnegativen Tumorzellen teilweise überwuchert und zerstört. In den blutbildenden Organen Leber, Milz, Knochenmark findet sich nicht die gleichmäßige Infiltration der Leukämie, sondern eine Absiedlung von umschriebenen Sarkomknoten und -knötchen.

Das Blutbild ist aleukämisch, es kann jedoch auch zur Ausschwemmung der Tumorzellen kommen (siehe unter tumorbildender Lymphadenose). Über die Altersverteilung können wir uns noch nicht endgültig äußern, da wir noch zu wenige Fälle dieser Art übersehen, doch scheint sowohl das Jugend- und Kindesalter wie auch das späte Erwachsenenalter betroffen zu sein.

Cytologisch liegt eine großzellige unreife Zellwucherung zugrunde. Die Zellen gehören *einer* Rasse an. Sie sind gleichwohl polymorph, zeigen jedoch keine Ausreifung in Lymphocyten. Ob es wirklich kleinzellige Formen vom Lymphocytentyp gibt, ist noch fraglich. Wenn diese überhaupt vorkommen, so sind solche „lymphocytäre" Lymphosarkome doch sicher sehr selten. Fasergehalt und -anordnung entsprechen zum Teil dem der Leukosarkomatose, oft sind jedoch die Gitterfasern ausgesprochen dick und zu einem sehr weiten Netz verbunden.

c) Tumorbildende Lymphadenose. Bei der tumorbildenden Lymphadenose liegt eine Kombination unserer 1. und 2. Form vor, d.h. nebeneinander bestehen eine gleichmäßige („diffuse") *und* eine knotenförmige Infiltration der blutbildenden Organe. Ein Teil der Lymphknotengruppen bildet große Tumorpakete und zeigt infiltrierend-destruierendes Wachstum. Am häufigsten ist das Mediastinum einschließlich Thymus der Sitz solcher Tumoren.

Das Blutbild ist leukämisch, subleukämisch oder aleukämisch, doch sind die leukämischen Formen häufiger. Nicht ganz selten enden chronische lymphatische Leukämien mit einer sarkomatösen Komponente. Diese ist manchmal auch im Blut ablesbar („Lymphoblastenschub"). Außer diesen sekundär tumorbildenden Formen gibt es sicher auch Fälle mit gleichzeitiger Entstehung von Tumor und Leukose; ja, Apitz (1937) teilt einige Sektionsbeobachtungen mit, die darauf schließen lassen, daß die Tumorentwicklung der Leukämie zeitlich vorausging. Auch wir konnten diese Möglichkeit durch laufende bioptische Kontrollen erhärten.

Cytologisch liegt oft eine unreife gleichförmige „Lymphoblasten"-Wucherung vor, also das Bild der unreifen Lymphadenose oder des Lymphosarkoms. Dann entspricht die Neoplasie ganz der Sternbergschen Definition der *Leukosarkomatose*. Manchmal kann man jedoch beim gleichen Fall auch reifzellige Bezirke und unreifzellige Proliferationen nebeneinander finden. Dies gilt vor allem für den Lymphoblastenschub der chronischen reifzelligen Lymphadenose. Im Bielschowsky-Präparat sind reifzellige Bezirke vom Typ der chronischen Lymphadenose faserreicher als tumorartige unreife Wucherungen.

Alle Lebensalter können betroffen sein. Der Verlauf zeigt mannigfache Variationen, er dürfte aber im Durchschnitt rascher sein als bei typischer reifer Lymphadenose. Die durchschnittliche Lebenserwartung unserer Sektionsfälle betrug 17,1 Monate bei einem Maximum von 66 Monaten. Diese relativ günstige Lebenserwartung entspricht nicht ganz der Wirklichkeit; denn wir errechneten die Zahlen aus unserem Sektionsgut. Wir können dabei aber nicht angeben, von welchem Zeitpunkt der Erkrankung an eine Tumorbildung bestand. Sicher trat diese oft erst in den letzten Krankheitsphasen einer chronischen Lymphadenose hinzu. Der gefundene Mittelwert ist somit wahrscheinlich wesentlich höher als er für die tumorbildenden Lymphadenosen an sich anzunehmen wäre.

An *Synonyma* sind zu nennen: Lymphosarkomatöse Leukämie (TISCHENDORF 1946), lymphosarcoma associated with leukemia.

Was nun die *Praxis der bioptischen Diagnostik* betrifft, so sind die dem histologischen Untersucher gesetzten Grenzen sofort zu erkennen: Der Pathologe muß seine Diagnose meist ohne Kenntnis des Blutbildes und der Ausbreitung der Neoplasie stellen. Er kann nicht wissen, ob an irgendeiner Stelle des erkrankten Organismus ein infiltrierend-destruierendes Wachstum besteht. Auch ist die cytologische Beurteilung im Schnittpräparat begrenzt, wenn nicht eine ganz subtile Einbettungs- und Färbetechnik angewandt wurde. Dieser Schwierigkeit wäre durch vergleichende Untersuchung von Schnitt- und Tupfpräparaten leicht abzuhelfen. Die zusätzliche Betrachtung eines Blutausstriches würde weiter ermöglichen, etwas über den Reifegrad der ausgeschwemmten Zellen auszusagen. Besteht die Hauptmasse der Zellen in Blut und Lympkhnoten aus kleinen Lymphocyten (neben einer geringen bis mäßigen Zahl von Lymphocytenvorstufen!), so dürfen wir ohne weiteres eine chronische Lymphadenose diagnostizieren. Sie kann wohl an anderem Ort Tumorbildung und gleichzeitig ein unreifes Zellbild zeigen, das ändert jedoch nichts an der Tatsache, daß die primäre Proliferation eine reifzellige Lymphadenose darstellt. Wenn jedoch die Neoplasie aus *einer* Zellrasse besteht, die größer als der Lymphocyt ist und keine verschiedenen Reifestufen erkennen läßt, so kann ein Lymphosarkom ebenso vorliegen wie eine Leukosarkomatose mit oder ohne Tumorbildung. End lich besteht die — bioptisch seltene — Möglichkeit, daß eine tumorbildende chronische Lymphadenose vorliegt, bei der zufällig ein sarkomatös veränderter Lymphknoten zur Untersuchung entnommen wurde. — Eine Aussage darüber, ob eine lymphatische Neoplasie leukämisch oder aleukämisch ist, gelingt nach dem histologischen Bild im allgemeinen nicht.

Abschließend sei noch kurz über eine Veränderung berichtet, die im Halsbereich differentialdiagnostische Schwierigkeiten in der Abgrenzung von lymphatischen Leukämien macht, nämlich die *„chronische lymphoidzellige myoepitheliale Sialoadenitis“* (SEIFERT u. GEILER 1957a, b), die auch als *Morbus Mikulicz* (MORGAN u. CASTLEMAN 1953) bezeichnet wird. Hierbei handelt es sich um eine Erkrankung der Speicheldrüsen, die in den rheumatischen Formenkreis gehören soll und zum Teil dem Sjögren-Syndrom zugeordnet wird (MORGAN u. CASTLEMAN 1953). Histologisch ist das Parenchym der Speicheldrüsen weitgehend ersetzt durch lymphoides

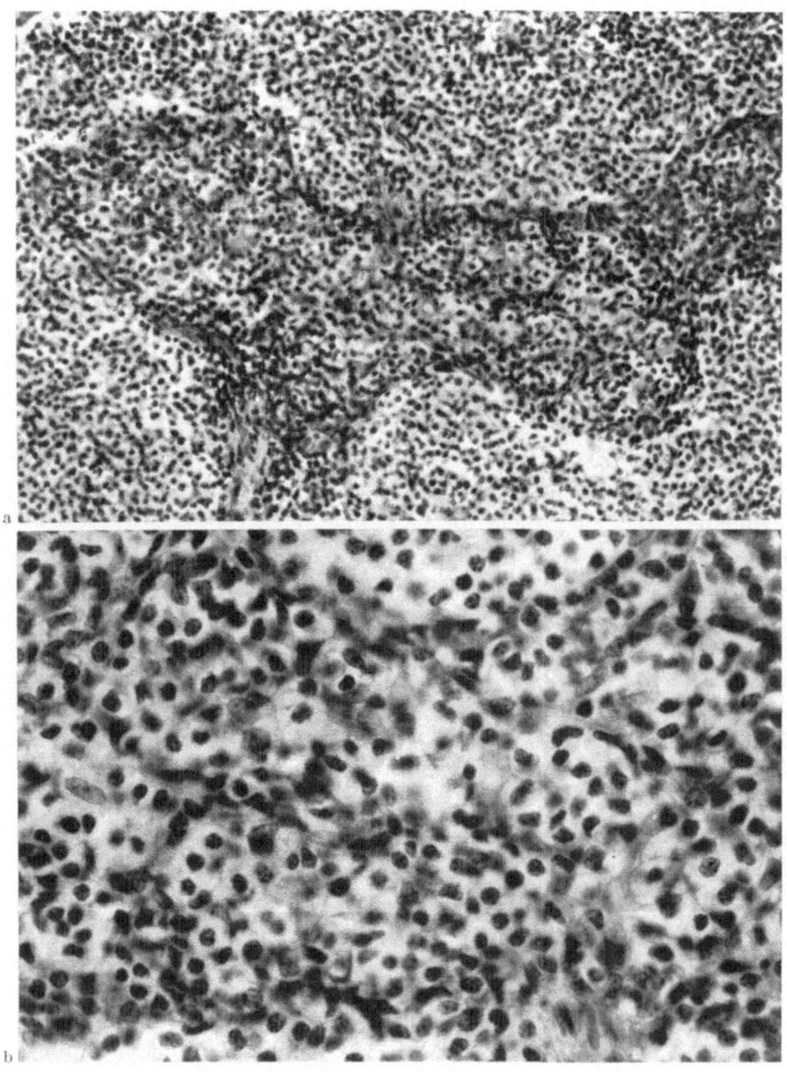

Abb. 47 a und b. Chronische lymphoidzellige myoepitheliale Sialoadenitis (M. MIKULICZ). Als Kieferwinkellymphknoten übersandt. Klinisch chronische Polyarthritis. 52jährige Frau. H.-E. a Myoepitheliale Insel, von Lymphocyten umgeben, 250 ×. b Myoepitheliale Insel bei starker Vergrößerung, 1250 ×

Gewebe, während die Epithelien (mit bläschenförmigen Kernen) und die Myoepithelien (mit spindeligen, chromatinreicheren Kernen) der Ausführungsgänge proliferieren. Hierbei entstehen sehr charakteristische myoepitheliale Inseln, die später hyalinisiert werden. Diese Veränderungen der Ausführungsgänge sind weitgehend spezifisch und gestatten eine Unterscheidung gegen chronische interstitielle Speicheldrüsenentzündungen, gegen Adenolymphom und die seltenen Infiltrationen bei Lymphadenose und Lymphosarkom. Ausführliche Besprechungen der Differentialdiagnose siehe bei MORGAN u. CASTLEMAN 1953 sowie SEIFERT u. GEILER 1957a und b.

Anhang: Lymphknoten bei Makroglobulinämie Waldenström[1]

In den Jahren 1944—1945 wurde von WALDENSTRÖM u. PEDERSEN in Schweden ein klinisches Syndrom entdeckt, das mit einer Vermehrung hochmolekularer Makroglobuline (mit einer Sedimentationskonstante von 19—20 S_{20} bei Ultrazentrifugenuntersuchung) im Blut einhergeht. Gleichzeitig besteht oft eine mehr oder weniger starke Vergrößerung von Leber und Milz sowie eine Infiltration dieser Organe und des Knochenmarks mit lymphoiden Rundzellen. Durch die Markinfiltration kommt es zu einer schweren Anämie und hämorrhagischen Diathese, wogegen eine stärkere Osteolyse des Knochens meist nicht beobachtet wird. Die Elektrophorese des Blutes deckt eine hohe schmale Zacke im Bereich der γ- oder β-Region auf. Die sogenannte Sia-Probe (1 Tropfen Serum wird in aqua dest. gegeben und erzeugt eine rauchartige Trübung) ist positiv. Die Makroglobuline lassen sich nicht nur mit der Ultrazentrifuge, sondern auch immunologisch nachweisen.

Seit den ersten Mitteilungen von WALDENSTRÖM wurde das Syndrom in fast allen Teilen der Welt gefunden. Auch in Deutschland ist eine Fülle von Arbeiten über die Makroglobulinämie erschienen. Während sich die meisten Publikationen mit der Abklärung der klinischen, pathologisch-anatomischen und vor allem der Bluteiweißverhältnisse befassen, wurden jüngst bemerkenswerte Entdeckungen über Chromosomenanomalien bei Patienten mit Makroglobulinämie Waldenström gemacht (PATAU 1961; PFEIFFER, KOSENOW u. BÄUMER 1962 u. a.). Wir müssen die Erkrankung hier kurz anführen, da sie häufig die Lymphknoten, unter anderem die des Halses und Nackens, betrifft. Die Lymphknoten sind zumeist nur mäßig vergrößert, können aber bis zu walnußgroß werden. Sie lassen sich gut gegen die Umgebung abgrenzen.

Vorkommen. Die Erkrankung ist relativ selten. Schätzungsweise treffen auf 100 lymphatische Leukämien etwa 10 Makroglobulinämien.

[1] Übersichten: LENNERT 1955; DI GUGLIELMO u. RUGGIERI 1956; SCHULTEN u. KANZOW 1956; IMHOF 1958; KAPPELER, KREBS u. RIVA 1958; WALDENSTRÖM 1958; ZOLLINGER 1958; KANZOW 1959; OLMER, MONGIN, MURATORE u. DENIZET 1961.

Die höheren Altersgruppen (Gipfel im 7. Jahrzehnt) sind bevorzugt. Erkrankungen vor dem 30. Lebensjahr kommen offenbar nicht vor. Das

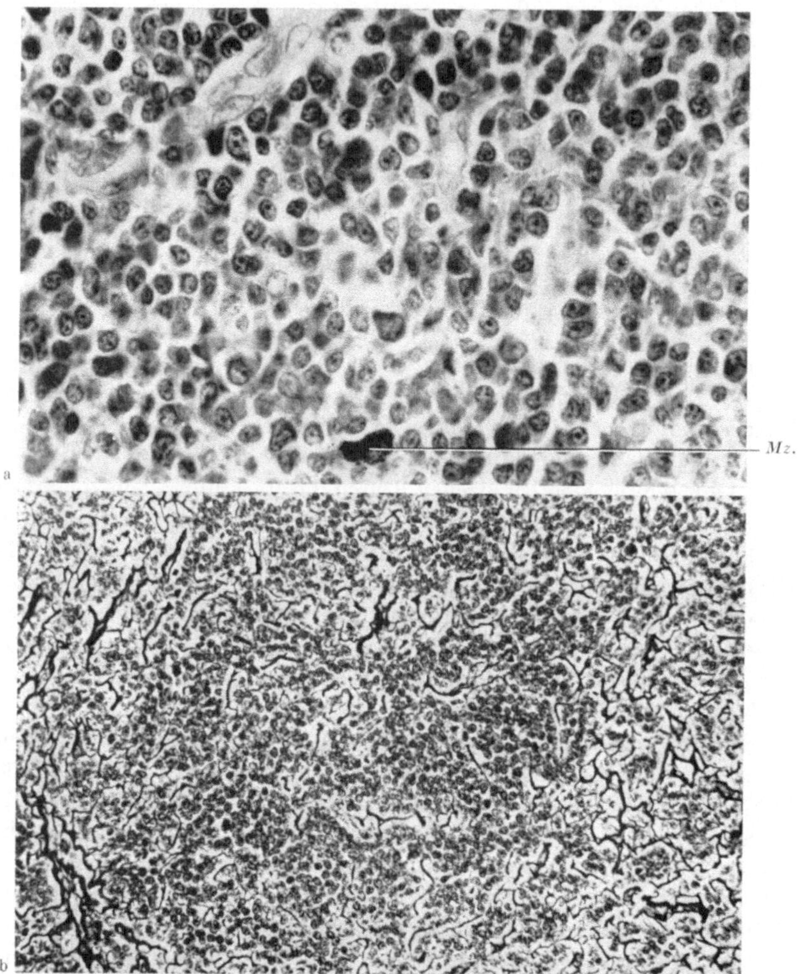

Abb. 48a und b. Lymphknoten bei Makroglobulinämie Waldenström. a Kleinzellige lymphoide Wucherung. Bei *Mz.* eine Gewebsmastzelle. Giemsa. 625×. b Faserpräparat. Zwischen den proliferierten Zellen nur wenige dicke Fasern. Bielschowsky, 250×

männliche Geschlecht ist ungefähr doppelt so häufig betroffen wie das weibliche.

Histologie. Es finden sich in den Lymphknoten zahlreiche kleine lymphoide Rundzellen, welche die Struktur weitgehend zerstören. Das Faserbild innerhalb der Rundzellproliferation entspricht dem der lymphatischen

Leukämie bzw. des Lymphosarkoms, d. h. man findet zwischen den gewucherten Zellen weit auseinandergedrängte, relativ dicke Gitterfasern (siehe Abb. 48). Den wichtigsten histologischen Hinweis auf die zugrundeliegende Erkrankung stellt die relativ hochgradige Vermehrung von Gewebsmastzellen dar, die man nur selten vermißt und die wir bei den bisher von uns untersuchten Fällen von lymphatischer Leukämie und Lymphosarkom niemals in dieser Stärke fanden (LENNERT u. ILLERT 1959). Für Makroglobulinämie sprechen weiterhin kleine Gruppen von Plasmazellen, stärkere Hämosiderinablagerungen in vergrößerten Reticulumzellen sowie Abscheidungen von fibrinpositiven und -negativen Eiweißmassen. Die Sinus sind zumeist nicht so stark eingeengt wie bei lymphatischer Leukämie und Lymphosarkom, im Gegenteil, sie zeigen nicht selten eine Erweiterung mit Vermehrung der Retothelien und Zeichen von Blutresorption.

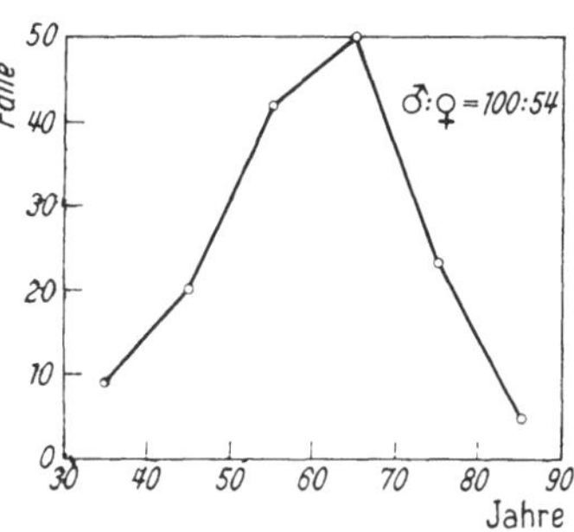

Abb. 49. Altersverteilung der Makroglobulinämie Waldenström. Nach KANZOW (1959), modifiziert

Prognose. Die Prognose ist besser als beim multiplen Myelom. Es kann ohne Therapie jahrelang ein gutes Allgemeinbefinden bei stark erhöhter BSG bestehen. Der Tod erfolgt nach Auftreten von Allgemeinsymptomen (schwere Anämie, hämorrhagische Diathese) meist in wenigen Jahren, und zwar oft an massiven Blutungen, manchmal an Resistenzschwäche gegenüber Infekten, gelegentlich auch an einer Paramyloidose mit allen ihren Folgen (nephrotisches Syndrom etc.).

IX. Maligne Neoplasien der reticulo-histiocytären Zellen

Die Klassifikationsschwierigkeiten sind in diesem Kapitel noch größer als bei den lymphatischen Neubildungen. Dies rührt vor allem daher, daß der von LETTERER 1924 geprägte Begriff „Reticulose" ganz verschieden gebraucht wird. So gilt es zunächst, den Begriff Reticulose neu zu fassen. Wir definieren die *Reticulose* nicht als eine Erkrankung des Reticulums schlechthin (wie etwa ROBB-SMITH 1947[1]), sondern als eine maligne systematisierte Neoplasie der reticulo-histiocytären Zellen[2] ein-

[1] Neuerdings teilt ROBB-SMITH (1964) die retikulären Proliferationen nicht mehr rein morphologisch, sondern nach pathogenetischen Gesichtspunkten ein. Er bezeichnet jetzt nur noch die progressiven irreversiblen Proliferationen des lymphoretikulären Gewebes als Reticulosen und grenzt diese von den reaktiven reversiblen Hyperplasien und den Geschwülsten ab.

[2] AHLSTRÖM 1942; FRESEN 1953a, b, u. weitere.

schließlich ihrer Funktionsformen (retikuläre Plasmazellen, Gewebsmastzellen). Die gutartige Reticulumzellproliferation grenzen wir davon als „*Reticulocytose*“ in Analogie zu den Begriffen Leukose (neoplastisch) und Leukocytose (reaktiv) ab. Die Differenzierung vom *Reticulosarkom* erfolgt — wie bei Lymphadenose und Lymphosarkom — im wesentlichen nach dem makroskopischen Eindruck: Ein makroskopisch infiltrierend-destruierendes und ein knotenförmiges Wachstum berechtigt zu der Annahme eines Sarkoms. Auch eine Kombination von Reticulose und Reticulosarkom kommt vor, wir sprechen dann von tumorbildender Reticulose.

Eine weitere Gruppe von „reticulo-proliferativen Erkrankungen“ muß aus dem Sammeltopf der Reticulosen herausgenommen werden: Die *Histiocytosis X* (LICHTENSTEIN) oder die Gruppe der *Reticulogranulomatosen*. Darunter verstehen wir verschiedene Syndrome, die alle durch Proliferation einer bestimmten Zellart gekennzeichnet und durch Übergänge miteinander verknüpft sind. Im einzelnen zählen hierzu die Säuglingsreticulo(endothelio)se (ABT-LETTERER-SIWE), die eosinophile Granulomatose und die Lipoidgranulomatose (HAND-SCHÜLLER-CHRISTIAN). Das großfollikuläre Lymphoblastom und die Makroglobulinämie Waldenström zählen wir nicht zu den Reticulosen. Die Gründe dafür wurden bereits angeführt. Auch die Lipoidspeicherungskrankheiten stellen keine Reticulose entsprechend unserer Definition dar. Wir werden sie nur anhangsweise kurz erwähnen.

1. Reticulosen[1]

Unsere Einteilung der Reticulosen gründet sich auf die Cytologie der gewucherten Zellrasse. Als solche kommen ausschließlich die Reticulumzellen und die metaplastisch aus den Reticulumzellen entstehenden Gewebsmastzellen und Plasmazellen in Frage. Unter den Reticulumzellen kann man karyometrisch drei Klassen — kleine, mittelgroße und große Reticulumzellen — unterscheiden. Dementsprechend gibt es auch kleinzellige, mittelgroßzellige und großzellige Reticulosen. Die nicht metaplastisch aus den Reticulumzellen hervorgehenden Zellen mit eigenen Stammbäumen bzw. Reifungsreihen wie Lymphocyten, Keimzentrumszellen (Germinocyten und Germinoblasten) und lymphatische Plasmazellen sind hiervon scharf abzutrennen. Ihre systematisierten Neoplasien (Hämoblastosen) sollten nicht als Reticulosen bezeichnet werden, allenfalls kann eine Kombination solcher Hämoblastosen mit einer stärkeren

[1] Übersichten: FRESEN 1945, 1951, 1953 a, b, 1954; CAZAL 1946; ROBB-SMITH 1938, 1947; DEELMAN 1949; SCHILLING 1950; W. ST. C. SYMMERS 1951 a; MUNDT 1952; ZELDENRUST 1952; ISRAELS 1953; ROHR 1954; ROULET 1954 a; COSTA u. NEGRI 1956; HARRISON 1956; MARSHALL 1956; MOTTURA 1956; JANSSEN 1958; VALDES RUIZ, ESTELLIER LUENGO u. FORTEZA BOVER 1960; BEGEMANN 1963; LENNERT 1963.

Reticulumproliferation erfolgen. Diese wird als „assoziierte Reticulose" benannt.

Wir schlagen auf dieser cytologisch ausgerichteten Basis folgende Einteilung der Reticulosen vor:

a) Kleinzellige („lymphoide") Reticulose (ausgehend von den kleinen Reticulumzellen),

b) Mittelgroßzellige Reticulose, vor allem als Monocytenleukämie auftretend (ausgehend von den mittelgroßen „Histiocyten" und Monocyten),

c) Großzellige Reticulose (ausgehend von den großen Reticulumzellen),

d) Assoziierte Reticulose (bei akuter und chronischer Myelose sowie bei chronischer Lymphadenose),

e) Mastzellenreticulose (zumeist als generalisierte Urticaria pigmentosa auftretend),

f) Plasmazellenreticulose (retikuläre Plasmazellenleukämie).

a) Kleinzellige Reticulose. Diese Reticuloseform wird in der Literatur oft als lymphoide Reticulose (ROHR) bezeichnet. Sie ist noch mit vielen Unbekannten belastet. Die von uns beobachteten Fälle waren klinisch noch mit folgenden Diagnosen belegt worden: Mikromyeloblastenleukämie, Leukosarkomatose, Paraleukoblastenleukämie des Kindesalters. Die Makroglobulinämie Waldenström zählen wir nicht hierzu, wie oben bereits ausgeführt wurde.

Alle kleinzelligen Reticulosen sind gekennzeichnet durch eine Proliferation von kleinen Rundzellen mit mäßig chromatinhaltigem Kern (schwächer färbbar als der Lymphocytenkern!) und sehr schmalem, mäßig basophilem Plasma. Dazwischen liegen zahlreiche Gitterfasern, mit welchen die Zellen oft in innigem Kontakt stehen. Dies ist in Sektionsschnitten deutlicher ausgeprägt als in bioptischen Präparaten.

b) Mittelgroßzellige Reticulose. Hierbei entsteht eine generalisierte Wucherung von kleinen histiocytären Zellformen im gesamten reticulohistiocytären System (Knochenmark, Leber, Milz usw.). Auch die Lymphknoten sind oft befallen und dadurch vergrößert. Die Zellen werden im allgemeinen ins Blut ausgeschwemmt, wodurch das Bild der Monocytenleukämie (Typ Schilling)[1] ausgelöst wird. Die Identifizierung der leukämischen Monocyten im Blut war früher schwierig. Die Naegelische Schule zweifelte daher daran, ob die Mehrzahl der sogenannten Monocytenleukämien wirklich Erkrankungen des reticulo-histiocytären Systems und nicht vielmehr monocytoide Paramyeloblastenleukämien darstellt. Man prägte für die sogenannte monocytoide Paramyeloblastenleukämie daher den Begriff Monocytenleukämie Typ Naegeli. Durch die Entdeckung, daß die echten Monocyten reichlich unspezifische Esterase, die

[1] Pathologische Anatomie siehe FRESEN 1945, 1951; INAMA 1951.

Paramyeloblasten dagegen dieses Ferment nicht nachweisen lassen (LÖFFLER 1962; LENNERT, LÖFFLER u. GRABNER 1962), ist es heute leicht möglich, die Monocytenleukämie als solche zu identifizieren. Dabei zeigt es sich, daß echte Monocytenleukämien (Typ Schilling) gar nicht so selten sind, wie man unter dem Einfluß NAEGELIS und seiner Schüler glauben mochte.

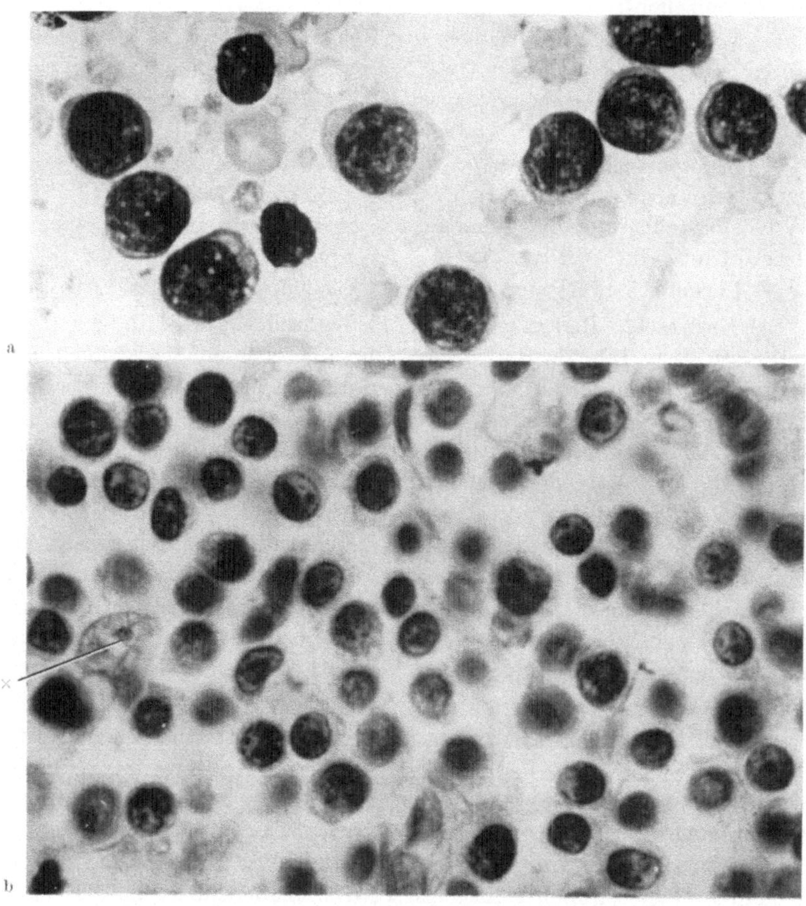

Abb. 50a und b. Kleinzellige („lymphoide") Reticulose im Tupfpräparat (a) und autoptischen Lymphknotenschnitt (b). Bei × große Reticulumzelle. a Pappenheim, b H.-E., je 1250 ×

Histologisch ist die Lymphknotenstruktur zerstört durch eine diffuse Wucherung mittelgroßer histiocytärer Zellen, die esterase-positiv und metallophil (d. h. versilberbar mit der Methode von WEIL-DAVENPORT) sind. Dazwischen findet man aber auch vermehrt große Reticulumzellen und reichlich neugebildete Gitterfasern. Die großen Reticulumzellen sind viel stärker esterase-positiv als die kleineren Monocyten (Histiocyten).

Die Altersverteilung läßt sich auf Grund der kleinen Zahl von beobachteten Fällen noch nicht angeben. Die Krankheitsdauer beträgt im allgemeinen einige Monate bis etwa 1 Jahr.

c) Großzellige Reticulose. Auch hierbei besteht eine generalisierte Zellwucherung im reticulo-histiocytären System, doch sind die proliferierten Zellen größer als bei a) und b); sie entsprechen wesensmäßig den

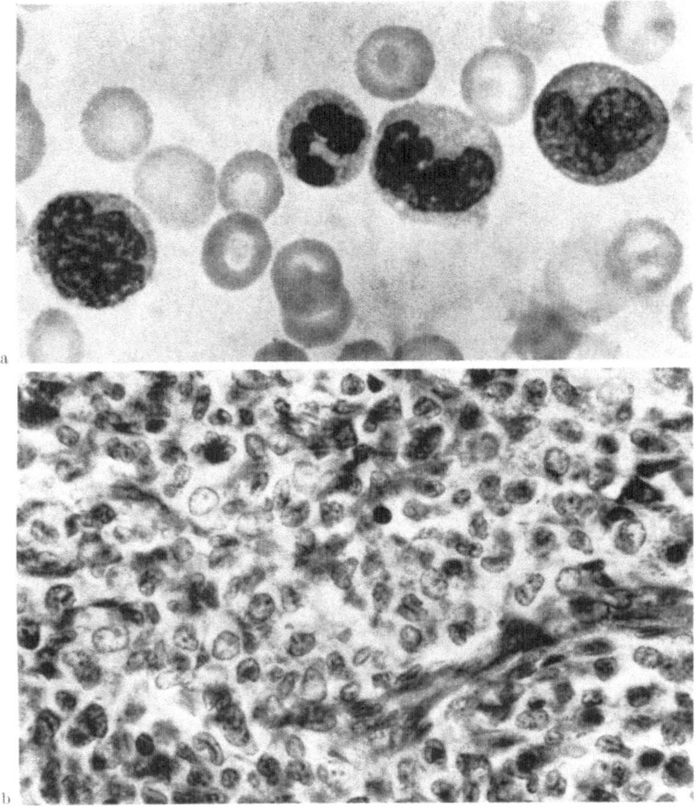

Abb. 51a und b. Monocytenleukämie. a Blutausstrich. Drei Monocyten. Pappenheim, 1250×. b Lymphknotenschnitt. Relativ kleinzelliges Bild. Biopsie. Giemsa, 625×

großen Reticulumzellen, die wir früher (1961a) von den Histiocyten abgegrenzt haben. Die großzellige Form der Reticulose geht weniger häufig mit einer Ausschwemmung der Zellen ins Blut einher („leukämische Reticulose"). Dagegen sieht man nicht ganz selten eine Kombination mit einem Reticulosarkom („tumorbildende Reticulose").

Im Blutbild und Lymphknotenschnitt kommen zwei Zelltypen vor: Entweder man findet große, stark *basophile* Zellen, die esterase-negativ sind und keine oder nur wenige Gitterfasern bilden. Oder die Reticulumzellen gleichen mehr ihren orthischen Vorbildern und sind gering basophil bis *neutrophil*, zeigen wahrscheinlich positive Esterasereaktion und Phagocytosefähigkeit sowie stärkere Faserbildung. Die Faservermehrung allein

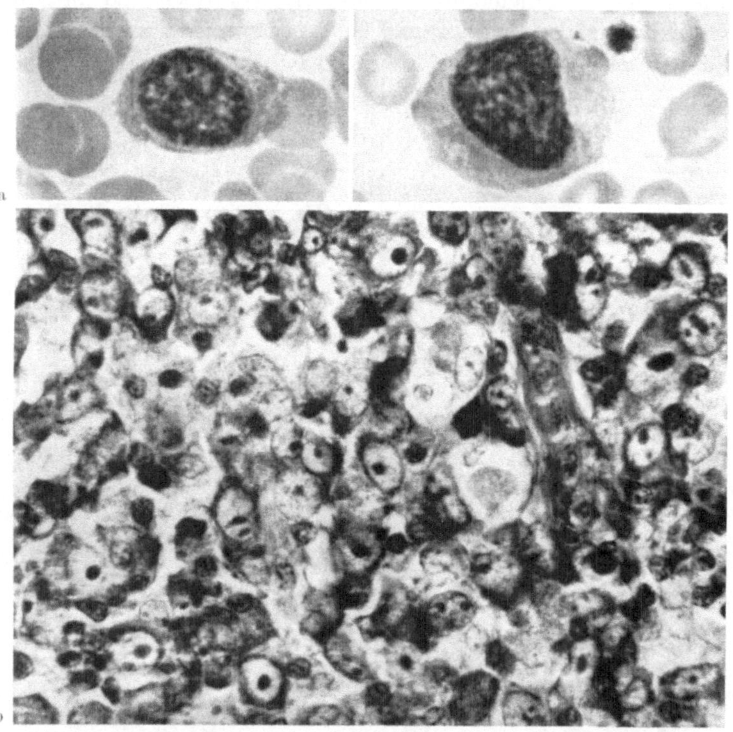

Abb. 52a und b. Großzellige stark basophile Reticulose. a Blutausstrich. Pappenheim, 1250 ×. b Lymphknotenschnitt. Biopsie. Giemsa, 625 ×

genügt nicht für die Diagnose einer Reticulose; vielmehr muß die Faseranordnung stets beachtet werden. Bei den Reticulosen findet sich ein eng- bis weitmaschiges polygonales Netz von zumeist feinen Fasern, welchen sich die proliferierten Zellen eng anschmiegen (wie Weidenkätzchen oder wie Kirschen am Stiel).

Der Verlauf ist meist rasch, doch spricht die Erkrankung auf minimale Dosen von Prednison bereits an (BEGEMANN 1962).

d) Assoziierte Reticulosen. Über die Kombination von Reticulosen mit Myelosen und Lymphadenosen hat vor allem FRESEN (1951, 1953b) berichtet. Man spricht hierbei von Myeloreticulose, Lymphoreticulose usw. Bezüglich Einzelheiten sei auf die Übersichten von FRESEN verwiesen (siehe auch APITZ 1939; PLIESS 1957). Obwohl die hierbei zu beobachtende Vermehrung der Gitterfasern die Erkennung erleichtert, sollte sich die Diagnose doch auf den Nachweis der mitproliferierten Reticulumzellen stützen. Hierzu ist die unspezifische Esterasereaktion vortrefflich geeignet. Über eine einzigartige tumorbildende „polyblastische Reticulose“ berichtet LÜBBERS (1939).

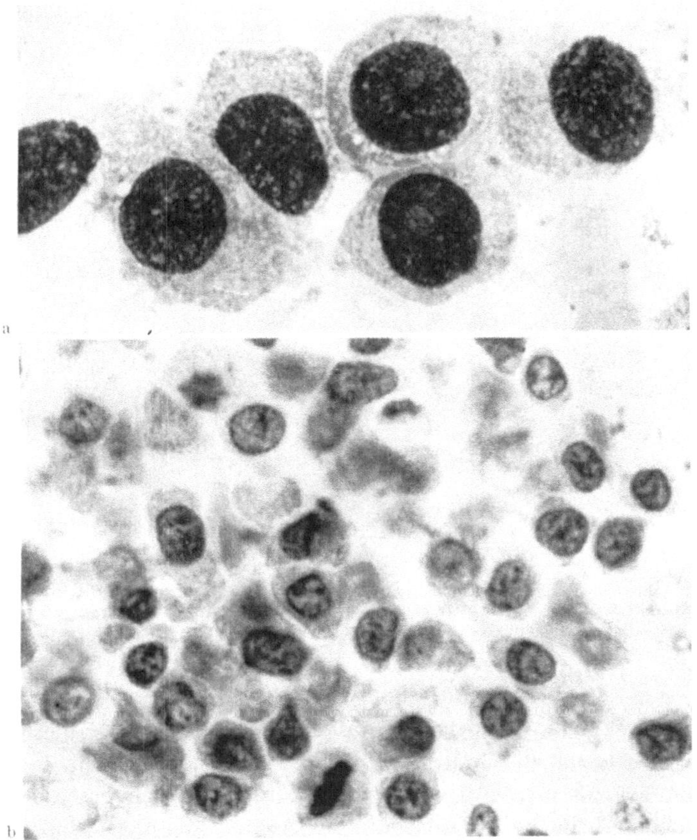

Abb. 53a und b. Großzellige neutrophile Reticulose in Blutausstrich (a) und autoptischem (!) Lymphknotenschnitt (b). a Pappenheim, b Giemsa, je 1250 ×

e) Mastzellenreticulose. Diese generalisierte Neoplasie der Gewebsmastzellen kann auch Lymphknotenschwellungen, u. a. im Halsbereich, machen. Die Erkrankung ist jedoch selten. Meist besteht gleichzeitig eine Mastzelleninfiltration der Haut unter dem Bild einer Urticaria pigmentosa. Leukämische Formen kommen vor. Im Lymphknoten besteht neben einer Proliferation unreifer Gewebsmastzellen (siehe Abb. 54) eine erhebliche Faservermehrung, welche weit über die Faserbildung bei Reticulosen des großzelligen Typs und bei Reticulosarkomen hinausgehen kann. Die Unreife der Zellen läßt sich u. a. an der spärlichen Granulation und der ungenügenden Sulfatierung der Granula (feststellbar mit der Toluidinblau-p_H-Reihe [LENNERT u. SCHUBERT 1959]) erkennen. Einzelheiten und Literatur siehe bei LENNERT (1962b).

f) Plasmazellenreticulose ~ retikuläre Plasmazellenleukämie. Wir besprechen diese Neoplasie zusammen mit der lymphatischen Plasmazellenleukämie und dem Plasmocytom in Kapitel X.

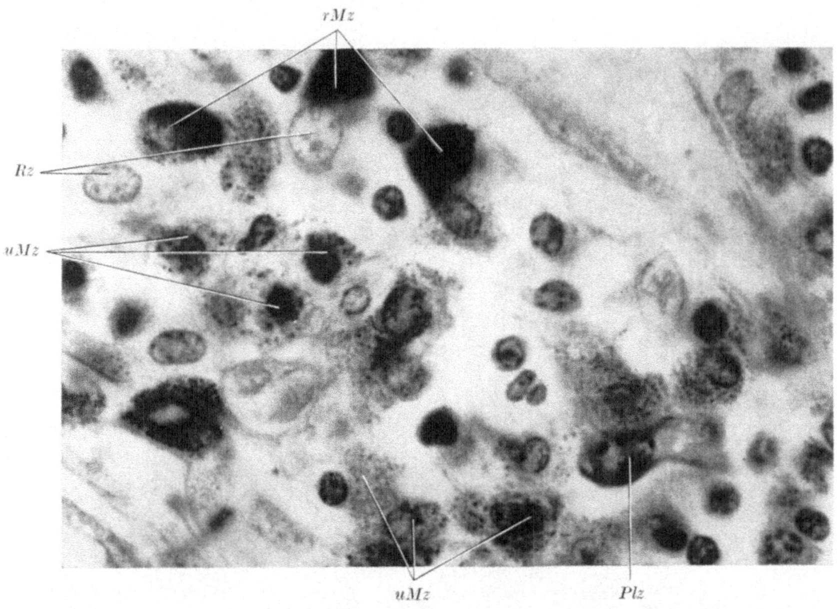

Abb. 54. Lymphknoten bei Mastzellenreticulose. Beachte die stark unterschiedliche Granuladichte. *rMz* relativ reife Mastzellen mit dichter Granulation. *uMz* unreife Mastzellen mit lockerer Granulation. *Rz* Reticulumzellen. *Plz* Plasmazelle. Toluidinblau pH 4,2. 1000 ×

2. Reticulosarkom (Retothelsarkom)[1]

Seit der ersten eingehenden Beschreibung des Reticulosarkoms (Retothelsarkoms) durch ROULET (1930, 1932) ist die Morphologie des Reticulosarkoms rasch Allgemeingut geworden. Freilich bestehen auch heute noch erhebliche Differenzen in der Abgrenzung und Definition des Reticulosarkoms. Wie die Abbildungen und Beschreibungen in zahlreichen Publikationen lehren, zählen viele Autoren reticulumzellreiche Lymphogranulomatosen und Hodgkin-Sarkome zu den Reticulosarkomen. Auch Lymphosarkome, Leukosarkomatosen, Paramyeloblastenleukämien und Reticulosen werden vielfach fälschlich als Reticulosarkome eingestuft. Aus diesem Grunde sind die zahlreichen wertvollen, an großem Untersuchungsgut gewonnenen Übersichtsarbeiten nur bedingt miteinander vergleichbar. Wir müssen daher auch bei dieser Neoplasie unseren eigenen Weg finden.

---

[1] ROESSLE 1939; GALL u. MALLORY 1942; JACKSON u. PARKER 1947; AKAZAKI 1953; ROTTER u. BÜNGELER 1955; HOHL u. GRETENER 1956; ZANGE 1956; W. ST. C. SYMMERS 1958a; BRÜCHER 1962.

Synonyma. Reticulumzelliges Lymphosarkom, Retotheliom, Reticuloendotheliom usw.

Vorkommen. Das Reticulosarkom ist der häufigste maligne Tumor des Lymphknotens. Die Altersverteilung ergibt in dem eigenen Untersuchungsgut eine starke Häufung zwischen dem 6. und 8. Jahrzehnt. Unser jüngster Patient war 5 Jahre alt, die obere Altersgrenze lag bei 80 Jahren. Das männliche Geschlecht überwiegt gering.

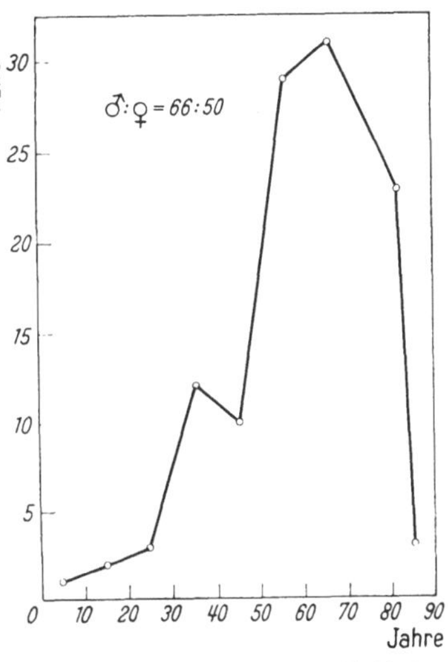

Abb. 55. Altersverteilung bei Reticulosarkom. Nach 116 eigenen Fällen

Etwa zwei Drittel aller unserer Lymphknoten stammen aus dem Halsbereich. Mit weitem Abstand folgen die Lymphknoten der Leiste und Axilla. In den letzten beiden Jahren stellten wir die Diagnose Reticulosarkom 49 mal in Lymphknoten, 8 mal in Gaumentonsillen, 5 mal im Epipharynx und 2 mal im Zungengrund.

Histologie. Das histologische Bild des Reticulosarkoms ist nicht einheitlich, und zwar weder hinsichtlich der Cytologie noch des Fasergehaltes. Es ist jedoch schwer, scharfe Grenzen zu ziehen, man würde dabei zu stark typisieren.

Cytologisch findet man zumeist *basophile* Zellen, die mittelgroß bis groß sind und ziemlich starke Schwankungen ihres Durchmessers aufweisen. Im Gegensatz zu den Zellen des Lymphosarkoms färbt sich im Giemsa-Präparat das Plasma dunkler als der Kern (beim Lymphosarkom ist dies umgekehrt!). Dies ist eine recht verläßliche Faustregel und gestattet, den größten Teil der Reticulosarkome auch ohne Versilberung zu diagnostizieren. Man muß jedoch noch die Kernstruktur und -form in Rechnung setzen: Die Kerne sind rundlich bis *oval* und besitzen einen bis drei große basophile Nucleolen in einem ziemlich hellen „Kernsaft". Zwischen den basophilen Zellen liegen oft zahlreiche große Reticulumzellen mit sehr weitem hellem Plasma und starker phagocytärer Tätigkeit. Sie entsprechen morphologisch und in der Funktion weitgehend den Sternhimmelzellen der Keimzentren. Mitosen kommen meist reichlich vor. Das Gitterfasergerüst ist im allgemeinen fein und bildet ein polygonales Maschenwerk, dem einzelne Tumorzellen wie Weidenkätzchen aufsitzen. Der Fasergehalt kann auch gering sein. Der basophile großzellige Typ des Reticulosarkoms überwiegt weit. Er entspricht dem Stammzellenlymphom von GALL u. MALLORY (1942) sowie einem Teil der anaplastischen Sarkome von LUMB (1954).

Es kommen außerdem noch Sarkome mit relativ kleinen und solche mit größeren Zellen von *geringer Plasmabasophilie* vor. Die Faserbildung ist bei diesen Formen durchschnittlich stärker. Die kleinzelligen Tumoren dieser Art lassen sich bisweilen schwer von dem Lymphosarkom unterscheiden. Bei den großzelligen Formen muß eine Verwechslung mit

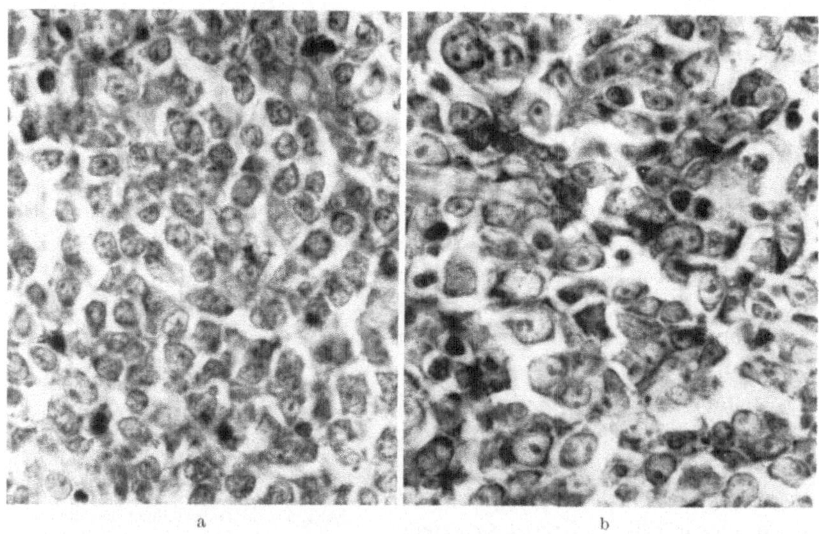

Abb. 56a und b. Reticulosarkom. a Kleinzellig, gering basophil. b Großzellig, stark basophil („Stammzellen-Lymphom"). Giemsa, 625 ×

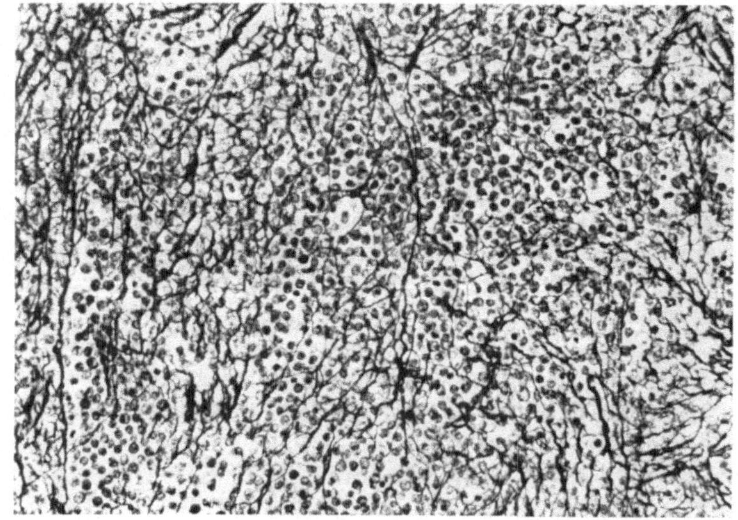

Abb. 57. Reticulosarkom im Faserpräparat. Gleicher Fall wie Abb. 55a. Bielschowsky, 250 ×

reticulumzellreichen Lymphogranulomatosen und Hodgkin-Sarkomen vermieden werden. Hierzu ist es wichtig, auf die Morphologie von eventuell vorhandenen Riesenzellen zu achten: Die Sternbergschen Riesenzellen besitzen riesenhafte Nucleolen, größere Kerne von oft verschiedenem Durchmesser (unterschiedliche Ploidiestufen!) und ein mäßig breites Plasma. Riesenzellen von Reticulosarkomen zeigen meist die gleichen Kerne wie die umgebenden Tumorzellen, sowohl was ihre Größe wie ihre Nucleolen anlangt. Diese erreichen nicht den Durchmesser wie die Nucleolen in typischen Sternbergschen Riesenzellen. Auch das Plasma ist meist etwas breiter als bei den Sternberg-Zellen.

Prognose. Die Lebenserwartung ist beim Reticulosarkom des Lymphknotens trotz der hohen Strahlensensibilität relativ schlecht. 52% der Patienten von JACKSON u. PARKER starben im 1. Jahr, weitere 41% in den folgenden 4 Jahren nach Krankheitsbeginn. Wir haben die Lebenserwartung nach Probeexcision bei 50 Fällen ermittelt: 39 Kranke starben im 1. Jahr, nachdem die Diagnose gestellt war, nur 1 Patient erlebte das 3. Jahr. Die Prognose hängt nicht vom histologischen Bild, sondern von der Ausbreitung zu Beginn der Behandlung ab. Monotope Reticulosarkome, besonders des Nasen-Rachenraumes, zeigen eine relativ hohe Lebenserwartung (TRÜBESTEIN 1953 u. a.)

Neben den Reticulosarkomen gibt es ganz selten auch Geschwülste, die von den Blutgefäßen ausgehen und als maligne *Hämangioendotheliome* zu bezeichnen sind (z. B. GALL u. RAPPAPORT 1957). Die früher von ROESSLE (1939) zitierten Endotheliome der älteren Literatur halten zum Teil einer Nachprüfung nicht stand (z.B. der Fall DA GRADA und DE AMICIS 1912). Auch *Fibrosarkome* werden von ROESSLE[1] angeführt, sie sind sicher extrem selten.

3. Histiocytosis X, Reticulogranulomatosen

Synonyma. Granuläre (granulomatöse) Reticulose, Histioreticulocytomatose, Histiocytose, histiocytäre Granulomatose, eosinophiles xanthöses Granulom.

Bei allen Reticulogranulomatosen (Säuglings-Reticuloendotheliose eosinophile Granulomatose und Lipoidgranulomatose) besteht eine Proliferation von großen Zellen, die weitgehend Reticulumzellen gleichen, aber anscheinend Beziehungen zu den Endothelien aufweisen. Insofern war die Bezeichnung „Reticuloendotheliose“ für den von LETTERER zuerst beschriebenen Fall einer sogenannten Säuglings-Reticulose vielleicht doch geeigneter als der Begriff „Reticulose“. Dazu paßt, daß diese Neoplasien zunächst keine Fasern bilden, und daß bei allen Reticulogranulomatosen eine Riesenzellart vorkommt, die mit Osteoklasten verglichen wurde und die weitgehend oder ganz den Gefäßriesenzellen der Epulis und des braunen Knochentumors entspricht. Eine weitere bemerkenswerte Gemeinsamkeit kann man zwischen den Zellen der Reticulogranulomatose und gewissen Geschwülsten (brauner Knochentumor,

[1] Auch EVANS 1956 u. a.

sklerosierendes Hämangiom der Haut, Sehnenscheidenfibrom) feststellen: Sie neigen alle dazu, bei längerem Bestehen Cholesterinester einzulagern. So entsteht aus der chronischen eosinophilen Granulomatose die Lipoidgranulomatose, während die erwähnten Geschwülste xanthomatöse Züge bis zum vollentwickelten Xanthom aufweisen können. Wenn man außerdem die Morphologie der vorherrschenden Zellrasse („Reticulumzellen"), die Morphologie der Riesenzellen sowie der Xanthomzellen

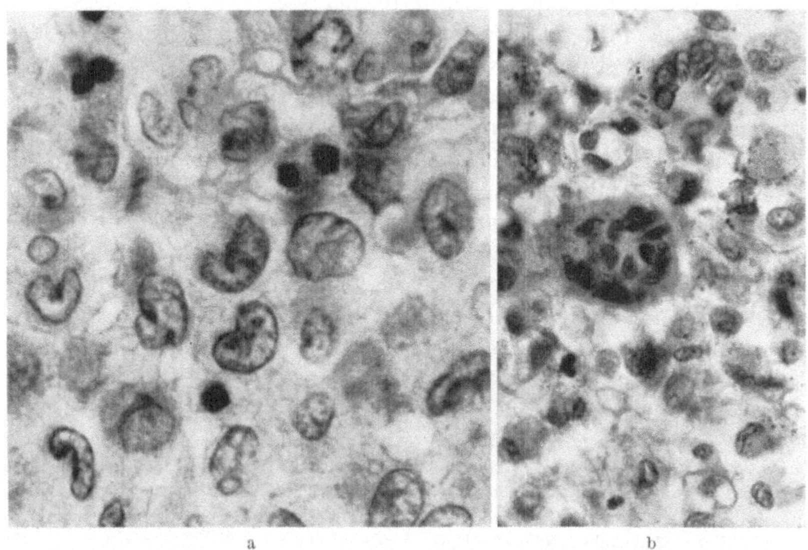

Abb. 58a und b. Zellbild bei Reticulogranulomatose. a Große „Reticuloendothelien" bei eosinophilem Granulom. H.-E., 1250×. b Osteoklastenartige Riesenzellen neben großen „Reticuloendothelien" mit teilweiser Hämosiderin-Speicherung. Abt-Letterer-Siwesche Säuglingsreticulose. H.-E., 500×

(Arnold 1943) mit den Zellen der Reticulogranulomatosen vergleicht, so stellt man eine bemerkenswerte Ähnlichkeit fest. Man kann danach die Möglichkeit diskutieren, daß es sich bei den genannten Tumoren und bei den Reticulogranulomatosen um Neubildungen nahe verwandter Zellen handelt und daß diese Zellen eine besonders innige Beziehung zum Cholesterinstoffwechsel aufweisen.

Daß die genannten drei Reticulogranulomatosen in eine Krankheitsgruppe zusammengefaßt werden sollten, wurde in letzter Zeit immer wieder betont, z.B. von Lichtenstein (1953), Feyrter (1955a, b, dort weitere Literatur), sowie von Marshall (1956). Denn man findet mannigfache Übergänge und Mischformen der drei Syndrome.

Die *akute Reticuloendotheliose (Abt-Letterer-Siwe)*[1] betrifft fast ausschließlich Säuglinge und Kleinkinder in den beiden ersten Lebensjahren.

[1] Übersichten: Siwe 1933; Wallgren 1940.

Vielleicht werden Mädchen häufiger als Knaben befallen. Die Erkrankung verläuft in wenigen Wochen bis Monaten unter dem klinischen Eindruck eines hochfieberhaften Infektes tödlich. Generalisierte Lymphknotenschwellungen und Hepatosplenomegalie sind führende Symptome. Die Knochenmarksinfiltration mit großen „Reticuloendothelien“ führt zu einer progressiven Anämie. Die Haut kann eine hämorrhagische Diathese, eventuell unter dem Bild der „Schürzenpurpura“, aufweisen. Außerdem werden hier und vor allem in der Lunge häufig kleinherdige Infiltrate der „Reticuloendothelien“ gefunden. Histologisch sieht man in den Lymphknoten eine starke Proliferation von großen plasmareichen „Retothelien“, denen einige Riesenzellen vom Osteoklasten- bzw. Gefäßtypus, manchmal auch einige Eosinophile beigemischt sind. Die Faserbildung ist außerordentlich gering.

Die *eosinophile Granulomatose*[1] kommt viel seltener als das isolierte eosinophile Knochengranulom vor, gleicht diesem aber morphologisch in jeder Hinsicht. Sie wird im Kindes- und Erwachsenenalter beobachtet. Zu den großen „Reticuloendothelien“ der Lettererschen Säuglingsreticulose gesellen sich reichlich Eosinophile und Riesenzellen. Bald werden argyrophile und kollagene Fasern gebildet. Es entsteht ein regelrechtes Granulationsgewebe. Die Ausbreitung kann — meist vom Knochen aus — auf das ganze reticulo-histiocytäre System einschließlich der Lymphknoten, erfolgen. Der Verlauf ist nach den wenigen bisher beobachteten Fällen noch schwer vorauszubestimmen; er ist offenbar gelegentlich akut, kann aber auch überaus chronisch sein.

Die *Lipoidgranulomatose*[2] *(Hand-Schüller-Christian)* kann in jedem Lebensalter auftreten, bevorzugt jedoch Kinder und Jugendliche. Sie betrifft häufiger das männliche Geschlecht. Lymphknoten sind nur in etwa 20% der Fälle mitergriffen. Die Lipoidgranulomatose stellt keine Lipoidspeicherungskrankheit (siehe unten) im eigentlichen Sinne dar, vielmehr kommt es zuerst zu einer Granulombildung, später werden dann die doppeltbrechenden Cholesterinester in die gewucherten Zellen eingelagert, wodurch eine makroskopisch schwefelgelbe Farbe des tumorartigen Granulationsgewebes hervorgerufen wird. Die klinische Trias „Lückenschädel, Exophthalmus und Diabetes insipidus“ ist nur in einem Teil der Fälle vorhanden. Weitere Syndrome siehe bei THANNHAUSER (1958). Der Verlauf wird als überwiegend chronisch beschrieben. Die Prognose ist bei Erwachsenen besser als bei Kindern, desgleichen bei Beschränkung auf Haut und Skelet (TEILUM 1942; THANNHAUSER 1958). Kommt es erst

---

[1] KINTZEN u. WEBER 1951; PLIESS 1952; SANTELMANN u. GIRGENSOHN 1955; DUMERMUTH 1958.

[2] LETTERER 1938, 1948; CHESTER 1931; CHIARI 1931; EPPINGER 1939; FRESEN 1953a; SANTELMANN u. GIRGENSOHN 1955; CAVANAGH 1956; DUMERMUTH 1958; THANNHAUSER 1958 u. später.

einmal zur Generalisation mit Beteiligung von Leber, Milz, Lymphknoten und Lunge, so ist die Prognose meist infaust. SANTELMANN u. GIRGENSOHN geben eine Mortalität von 30% an.

Die Tatsache, daß die Lipoidgranulomatose nicht immer tödlich verläuft und daß das eosinophile Granulom oft isoliert im Knochen vorkommt und hier leicht heilbar ist, macht die Frage zu einem brennenden Problem, ob die Reticulogranulomatosen tatsächlich Neoplasien von autonomem Charakter darstellen. Die Ansicht, daß ein entzündliches Geschehen zugrunde liegen könnte, ist jedenfalls für die akute Säuglingsreticulose noch nicht verstummt. Wir möchten nicht ohne weiteres dafür eintreten, halten es aber für noch fraglich, ob die Reticulogranulomatosen bei den Neoplasien nosologisch richtig eingeordnet sind.

Anhang: Die Lipoidosen (Lipoidspeicherungskrankheiten)[1]

Die Lipoidosen stellen vererbte Stoffwechselstörungen dar; sie werden von einem gen-(DNS-)bedingten Fermentmangel hervorgerufen. Es kommt dadurch zur Einlagerung von Lipoiden in Zellen, die normalerweise an dem Stoffwechsel der abgelagerten Fettsubstanzen beteiligt sind bzw. diese Fettsubstanzen in großer Menge enthalten oder synthetisieren. Nur der M. Niemann-Pick und der M. Gaucher führen zu Lymphknotenschwellungen.

Beim *M. Niemann-Pick*[2] sind Sphingomyeline im reticulo-histiocytären System und Zentralnervensystem abgelagert. Das Plasma der Reticulumzellen — unter anderem in der Lymphknotenpulpa — wird dadurch verbreitert und *wabig*. Die Krankheit tritt meist in den ersten beiden Lebensjahren auf und endet gewöhnlich vor Ende des dritten Jahres tödlich.

Der *M. Gaucher*[3] ist durch die Ablagerung von Cerebrosiden im reticulo-histiocytären System gekennzeichnet. Dabei entstehen sogenannte Gaucher-Zellen. Diese besitzen nicht das wabige Plasma des M. Niemann-Pick, sondern man findet eine eigenartige *streifige* Umwandlung des verbreiterten Protoplasmas, das im Ausstrichpräparat mit zerknittertem Pergamentpapier verglichen wurde. Man unterscheidet einen infantilen und einen adulten Typ. Erkrankte Kinder sterben meist vor Vollendung des zweiten Lebensjahres, Erwachsene zeigen einen jahre- bis jahrzehntelangen Verlauf.

---

[1] LETTERER 1938, 1948; CAVANAGH 1956; SCOTT 1956; DIEZEL 1957, 1962; CROCKER u. FARBER 1958; THANNHAUSER 1958; ZÖLLNER 1958; STANBURY, FREDRICKSON u. WYNGAARDEN 1960.

[2] FREDRICKSON 1960.

[3] FREDRICKSON u. HOFMANN 1960.

X. Plasmocytom und Plasmazellenleukämie

Plasmocytome kommen im Lymphknoten sehr selten vor. Grundsätzlich unterscheidet man die häufigeren Plasmocytome des Knochenmarks (plasmacelluläre Myelome), die meist als multiple Myelome in Erscheinung treten, und die selteneren extramedullären oder extraossären Plasmocytome[1]. Diese findet man vor allem im Bereich des oberen Respirationstraktus und in der Mundhöhle, am häufigsten in den Tonsillen.

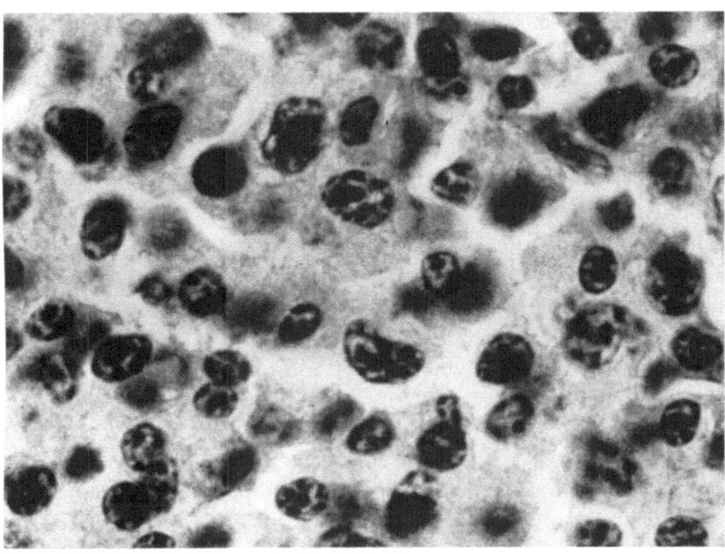

Abb. 59. Extramedulläres Plasmocytom der Tonsille. H.-E., 1250 ×

Die Knochenmarksplasmocytome sind bösartige Geschwülste, die extraossären Plasmocytome dagegen sind gutartig oder führen erst spät zu Metastasen, unter anderem in Lymphknoten. Da die extraossären Plasmocytome oft in den Tonsillen lokalisiert sind, kommen Lymphknotenmetastasen besonders im Halsbereich vor. Etwa ein Viertel der extraossären Plasmocytome zeigt solche regionären Lymphknotenmetastasen. Die plasmacellulären Myelome dagegen machen nur selten makroskopisch sichtbare Absiedlungen in Lymphknoten.

Außer den metastatischen Plasmocytomen gibt es extrem selten auch primäre Plasmocytome des Lymphknotens[2]. Sie kommen am häufigsten im Halsbereich vor und stimmen morphologisch vollkommen mit den

[1] Voegt 1938; Jaeger 1942; Hellwig 1943; Jackson u. Parker 1947; Stout u. Kenney 1949; Sarasin 1950; Ewing u. Foote 1952; Rotter u. Büngeler 1955.

[2] Maresch 1909; Nelson u. Lyons 1957, Literatur.

extraossären Plasmocytomen, wie sie etwa in der Tonsille gefunden werden, überein. Sekundär erfolgt oft eine Knochenmarksinfiltration unter dem Bild eines multiplen Myeloms; man darf daraus auf eine enge Beziehung zum plasmacellulären Myelom schließen. Die Prognose ist relativ günstig. Man fand Verlaufszeiten von $2^1/_2$—26 Jahren.

Die extraossären Plasmocytome und ein Teil der plasmacellulären Myelome bestehen aus relativ reifen, kleinen typischen Plasmazellen. Ein Teil der Myelome zeigt jedoch größere Zellen mit schmalerem Plasma und Verschiebung der Kernplasmarelation zugunsten des Kernes. Die Plasmazellen bilden Gammaglobuline, die auch in Form von Russellschen Körperchen, von Eiweiß-Seen (oft in erweiterten Lymphgefäßen und hier mit Fremdkörperriesenzellen!) und Kristallen morphologisch sichtbar werden können.

Gegenüber den Plasmocytomen ist die *Plasmazellenleukämie*[1] im Halsbereich von noch geringerer Bedeutung, da sie nur sehr selten vorkommt und aus dem Blutbild eher als aus dem Lymphknoten diagnostiziert wird. Wir unterscheiden nach dem Typ der hierbei gewucherten Plasmazellen eine retikuläre und eine lymphatische Plasmazellenleukämie. Im ersten Fall liegt eine monotone Proliferation kleiner „retikulärer" Plasmazellen vor, im zweiten Falle werden neben den reifen Plasmazellen auch zahlreiche Vorstufen beobachtet. Diese Vorstufen bezeichnet man zusammen mit den reifen Formen seit MOESCHLIN (1941, 1947) als „lymphatische Plasmazellen". Die retikuläre Plasmazellenleukämie („Plasmazellenreticulose") scheint im Knochenmark zu beginnen. Die lymphatische Plasmazellenleukämie geht zuerst mit einer Vergrößerung der Lymphknoten einher (FORSTER u. MOESCHLIN 1954). Sie zeigt in der Elektrophorese eine breitbasige γ-Globulinvermehrung (wie bei Entzündung), während die retikuläre Plasmazellenleukämie die spitze γ-Globulinzacke des Plasmocytoms aufweist.

XI. Neoplasien des myeloischen Gewebes[2]

Von den zahlreichen Hämoblastosen und Geschwülsten, die vom myeloischen Gewebe (Myelon = Knochenmark) ausgehen, haben nur drei im Halsbereich eine praktische Bedeutung: die Paramyeloblastenleukämie („unreifzellige Leukose", „Stammzellenleukämie"), der Myeloblastenschub bei chronischer myeloischer Leukämie und die Osteomyelosklerose. Die Häufigkeit des Lymphknotenbefalls nimmt in der angegebenen Reihenfolge ab. Meist sind die Lymphknoten nur gering bis mäßig vergrößert. Sie lassen sich gut gegeneinander abgrenzen.

---

[1] LOB, JÉQUIER-DOGE u. REYMOND 1947; BICHEL, EFFERSØE, GORMSEN u. HARBOE 1952.

[2] HEILMEYER u. BEGEMANN 1951; BERNARD u. BESSIS 1958; DAMESHEK u. GUNZ 1958; ROHR 1960; MIALE 1962.

Histologisch sieht man bei der *Paramyeloblastenleukämie* eine monotone Wucherung von basophilen rundlichen Zellen mit schmalem Plasma und hellem Kern. Dieser enthält meist einige kleine bis mittelgroße Nucleolen. Mitosen kommen reichlich vor. Gitterfasern sind nur spärlich vorhanden und dünn. Die Proliferation nimmt ihren Ausgang von der Lymphknotenpulpa und dem Bindegewebsgerüst (Kapsel und Trabekel). Infiltrierte Pulpa und Bindegewebe bleiben dabei scharf gegeneinander abgesetzt.

Beim *Myeloblastenschub der chronischen myeloischen Leukämie*, der Endphase vieler Myelosen, ist die Lymphknotenbeteiligung meist etwas geringer, sie zeigt jedoch im wesentlichen die gleiche Morphologie. Allerdings findet man nicht selten einige Vorstufen der Erythropoese (in den Sinus!) und einige Megakaryocyten, sowie reifere Vorstufen der Granulopoese (eosinophile und neutrophile Myelocyten).

Bei der *Osteomyelosklerose* („Osteomyeloreticulose“)[1] sind Lymphknotenschwellungen weder häufig noch stark ausgeprägt. Man sieht dabei histologisch eine Granulopoese, die vorwiegend in der Pulpa lokalisiert ist, sowie eine Erythro- und Thrombopoese (Megakaryocyten!), die sich fast ausschließlich in den erweiterten Sinus abspielen.

Wenn bei der Paramyeloblastenleukämie und beim Myeloblastenschub der chronischen Myelosen auch nur eine geringe Ausreifung in Richtung neutrophile Myelocyten vorhanden ist, läßt sich dies mit der α-Naphthyl-Chlor-Acetat-Esterase-Reaktion am Paraffinschnitt leicht nachweisen, was diagnostisch eine große Hilfe bedeutet[2]. Selbstverständlich werden mit dieser Methode auch die neutrophilen Myelocyten und reiferen Granulocytenformen bei der chronischen Myelose und Osteomyelosklerose erfaßt.

Alle drei Erkrankungen werden in jedem Lebensalter beobachtet, zeigen jedoch eine Häufung in den mittleren bis höheren Altersgruppen.

Bezüglich seltener Leukämieformen und der übrigen myeloproliferativen Erkrankungen verweisen wir auf die hämatologische Literatur (Heilmeyer u. Begemann 1951; Dameshek u. Gunz 1958; Rohr 1960 usw.).

XII. Tumormetastasen in Halslymphknoten[3]

Die Lymphknotenmetastasierung maligner Geschwülste wirft eine Reihe von theoretischen und praktischen Fragen auf, von denen wir nur einige wenige herausgreifen wollen. Becker hat in seinem Referat die für den Hals-, Nasen-, Ohrenarzt praktisch wichtigen Tatsachen dargestellt. Uns obliegt es, auf einige morphologische Gesichtspunkte, die z.T. Ausblicke in grundsätzliche Fragen gestatten, hinzuweisen.

[1] Siehe noch Stodtmeister u. Sandkühler 1953; Andreasen 1958.

[2] Leder 1964.

[3] Sternberg 1926; Walther 1948; Naumann 1957; Schwab, Werner, Scheer, Ey u. Kaess 1958; Mündnich 1960; Spitalier u. Colonna D'Istria 1961.

1. Reaktive Lymphknotenveränderungen im Abflußgebiet maligner Geschwülste („prä-metastatische Veränderungen")[1]

Nach unseren Untersuchungen, die sich mit den Literaturberichten weitgehend decken, kommen im Abflußgebiet von Carcinomen verschiedene Veränderungen vor, wie wir sie in dem Kapitel I (Lymphadenitis ohne erkennbare Spezifität) im einzelnen kennengelernt haben:

a) Follikuläre lymphatische Hyperplasie. Sie ist gerade im Halsbereich sehr häufig und kann sehr hohe Grade erreichen. Die Keimzentren zeigen oft einen sehr großen Durchmesser, so daß gelegentlich fälschlich an ein großfollikuläres Lymphoblastom gedacht wird.

b) Plasmocytose. Sie ist fast immer nachweisbar, wird aber leicht übersehen, wenn man nicht die Giemsa-Färbung anstellt. Die Plasmazellenhyperplasie reicht selten über den Markbereich hinaus.

c) Sinuskatarrh. Dieser ist ebenfalls fast immer zu finden und oft mit einer Plasmocytose — auch topographisch innerhalb des Lymphknotens — gepaart. Nicht selten sieht man gleichzeitig im Sinus eine Erythrocytenresorption, die manchmal durch operativ gesetzte Blutungen im Quellgebiet (Zustand nach Excision des Primärtumors!) verursacht ist.

d) Epitheloidzellreaktion (sarcoid-like lesions). Eine klein- oder vor allem großherdige Epitheloidzellproliferation mit einigen Langhansschen Riesenzellen kommt besonders im Abflußgebiet zerfallener und bestrahlter Geschwülste vor. Sie ist oft verbunden mit einer mehr oder weniger starken Hyalinisierung des Lymphknotens. Auch andere Arten der reaktiven Hyperplasie (a—c) sind oft gleichzeitig vorhanden.

e) Mastocytose. Die Mastzellenvermehrung ist in den Halslymphknoten meist nur mäßig stark und auch nicht gerade häufig nachweisbar. Sie betrifft mehr die Sinus als die Pulpa. Vereinzelt sahen wir in erweiterten Sinus eine starke Mastocytose, die bis unmittelbar an metastatische, intrasinuös gelegene Tumorverbände heranreichte, so daß der Eindruck entstand, als bilde sie eine Barriere gegen den Tumor. Solche Befunde zählen jedoch zu den Ausnahmen.

Über die Bedeutung der reaktiven Lymphknotenveränderungen läßt sich noch nichts Sicheres aussagen. Nach WILLIS (1960) gibt es noch keine Beweise für die Annahme, daß der Organismus mit Hilfe dieser Reaktionen den Tumor abzuwehren und zu vernichten sucht. WILLIS ist der Ansicht, daß die Lymphknotenveränderungen auf verschiedenste Ursachen zurückgehen: Leichte bakterielle Infektionen bei Geschwülsten an Oberflächen, degenerative Veränderungen des Tumorgewebes und Sekretstauung von Ausführungsgängen und Drüsen kämen ätiologisch in Frage. Manche Autoren, wie z. B. BLACK u. SPEER (1955, auch BLACK, KERPE u. SPEER 1953) sehen in dem Sinuskatarrh,

[1] GÜTTNER 1943; DONAT 1947; NEUMANN u. HOMMER 1950; WILLIS 1960.

den sie als „Sinushistiocytose" benennen, ein günstiges Zeichen und geben an, daß die Prognose bei Carcinomträgern mit starkem Sinuskatarrh der regionären Lymphknoten besser sei als bei Fehlen dieser Lymphknotenreaktion. Auch den Mastzellen wurde eine Abwehrfunktion zuerkannt (FROMME 1907 u. a.). Man könnte dies so erklären, daß das Heparin der Mastzellen das Wachstum und die Ausbreitung (durch seine Anti-Hyaluronidasewirkung?) hemmt. All diese Überlegungen sind unseres Erachtens noch recht spekulativ und müssen durch weitere Erfahrungen der experimentellen Tumorforschung ergänzt werden, bevor wir die registrierten Einzelbefunde wirklich deuten können.

2. Ausbreitungsweise von Metastasen in die Lymphknoten[1]

Mit der Metastasierungsart von Carcinomen in Lymphknoten, speziell auch in Halslymphknoten, haben sich in jüngster Zeit vor allem STRÄULI und sein Arbeitskreis (BRUNNER; LUDWIG; u. a.) beschäftigt. Unter den Halslymphknoten kommt den supraclaviculären Lymphknoten eine zentrale Stellung zu. Und unter den supraclaviculären Lymphknoten verdienen die Venenwinkellymphknoten, die neuerdings von DANIELS durch die Empfehlung der Praescalenus-Biopsie in den Blickpunkt gerückt wurden, besondere Beachtung (siehe S. 2). Da die Venenwinkellymphknoten von der gesamten Lymphe des menschlichen Körpers entweder orthograd passiert oder doch allzu leicht retrograd erreicht werden, ist es verständlich, daß hier Metastasen aller möglichen Carcinomarten und -lokalisationen gefunden werden. Über die klinische Bedeutung der Praescalenus-Biopsie für die Diagnostik von Carcinomen und anderen intrathorakalen Prozessen hat BECKER in seinem Referat das Wesentliche gesagt. Ich möchte nur noch darauf hinweisen, daß auch die Tumorsuche in Praescalenus-Präparaten über die Lymphknoten hinausgehen und z.B. die Lymphgefäße einschließen muß. So kann man gelegentlich in Lymphgefäßen bereits Tumorzellen finden, ohne daß der benachbarte Lymphknoten von Carcinomzellen infiltriert zu sein braucht (Abb. 60).

Zur Carcinommetastasierung in Lymphknoten überhaupt seien noch einige grundsätzliche Bemerkungen angefügt: Die Absiedlung von Tumorzellen erfolgt meist lymphogen, seltener hämatogen oder per continuitatem. Bei lymphogenem Befall des Lymphknotens kommt der orthograde (häufigere) und retrograde (seltenere) Weg in Frage. Bei orthograder Besiedlung liegen die Tumorzellen zuerst in den Randsinus der Konvexität des Lymphknotens, bei retrograder Tumorzelleinschleppung sind zunächst die Lymphgefäße des Hilus befallen. In beiden Fällen gelangen die Tumorzellen zuerst in die Sinus. Demgegenüber findet man die Tumorzellen

[1] MOST 1917; ZEIDMAN 1955; BRUNNER 1960; LUDWIG 1961, 1962; STRÄULI 1962.

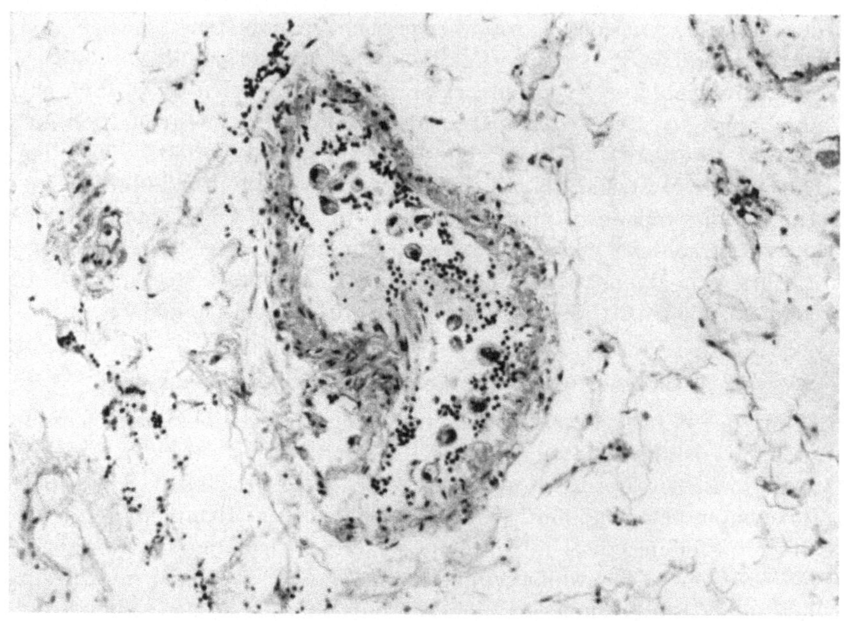

Abb. 60. Prä-Scalenus-Biopsie. In einem großen Lymphgefäß (Mitte) liegen zahlreiche große Tumorzellen. Sie stammen von einem Bronchialcarcinom. Giemsa, 125 ×

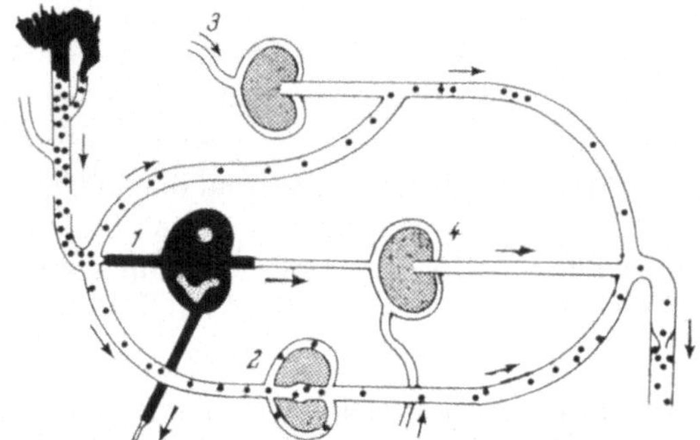

Abb. 61. Weg der Krebszellen durch eine regionäre Lymphknotengruppe. Einbruch des Tumors in die Lymphbahn links oben. Dichte Krebszellsuspension im Lymphgefäß, das in die regionäre Lymphknotengruppe führt. Die vier Lymphknoten dieser Gruppe zeigen ein sehr verschiedenes Verhalten. Nr. *1* ist fast völlig von Krebsgewebe durchwachsen, dadurch aus dem Lymphstrom ausgeschaltet. Wegen der fehlenden Vis a tergo findet kein Transport von Tumorzellen in den nachgeschalteten Knoten *4* statt. Dagegen breitet sich der Krebs kontinuierlich im efferenten Gefäß aus, ferner in einem afferenten Gefäß aus einer anderen tributären Region. Nr. *2* zeigt Transit der Tumorzellen, begünstigt durch einen Vas afferens und efferens direkt verbindenden Marksinus als Varietät des klassischen Strukturbildes. (Beim regulären Lymphknotentyp muß zuerst der Randsinus mehr oder weniger mit Tumorgewebe aufgefüllt werden.) Nr. *3* liegt nur efferent im Hauptschluß, dagegen afferent im Nebenschluß und wird deshalb nicht von Krebszellen besiedelt. Nr. *4* kann vom Knoten *1* aus, der aus der Lymphzirkulation ausgeschaltet ist, nicht von Tumorzellen kolonisiert werden. Er ist aber durch einen afferenten Nebenschluß noch an den Lymphstrom angeschlossen. Er wird in einem späteren Zeitpunkt durch das kontinuierlich aus Knoten *1* aussprossende Krebsgewebe erfaßt werden

bei hämatogener Metastasierung zuerst in Pulpa oder auch Follikeln des Lymphknotenparenchyms.

Breitet sich ein Carcinom in eine regionäre Lymphknotengruppe aus, so kann ein Teil der Lymphknoten verschont bleiben. STRÄULI (1962) erklärt den Weg der Krebszellen treffend nach der nebenstehenden Abb. 61, der wir die wörtliche Beschreibung von STRÄULI folgen lassen.

STRÄULI folgert mit Recht, daß der Pathologe eine regionäre Lymphknotengruppe nur dann als metastasenfrei bezeichnen darf, wenn er alle Lymphknoten der Region untersucht hat.

3. Arten der metastatischen Tumoren im Halsbereich[1]

Daß Carcinome weitaus häufiger in Lymphknoten metastasieren als Sarkome, ist lange bekannt. Dies wird darauf zurückgeführt, daß Carcinome in die Lymphbahn und Sarkome in die Venen einbrechen. Auch maligne Melanome und Teratome neigen zur metastatischen Lymphknoteninfiltration.

Über die Häufigkeit der Metastasierung der Carcinome des Hals-, Nasen-, Ohrenbereiches hat BECKER eingehend berichtet. Wir möchten lediglich eine tabellarische Übersicht unserer in den letzten 2 Jahren untersuchten Halslymphknotenmetastasen vorlegen. Sie ist aufgeteilt nach Einsendern (HNO-Ärzte und übrige Ärzte) und nach dem Sitz der Primärtumoren, soweit er bekannt war.

Tabelle 4. *Die zugehörigen Primärtumoren bei 123 Halslymphknoten-Metastasen*

	HNO-Ärzte	übrige Ärzte	Gesamt
Larynx-Carcinom	27	3	30
Zungen-Carcinom	16	—	16
Tonsillen-Carcinom (Pl.ep. Ca.)	9	—	9
Epipharynx-Carcinom (Pl.ep. Ca.)	9	1	10
Schmincke-Tumor	3	—	3
Hypopharynx-Carcinom	1	2	3
Mundschleimhaut-Carcinom	2	1	3
Speicheldrüsen-Carcinom	5	—	5
Ohrmuschel-Carcinom	1	—	1
Gehörgangs-Carcinom	1	—	1
Lippen-Carcinom	2	—	2
Haut-Carcinom des Gesichts	—	1	1
Bronchial-Carcinom	2	23	25
Mamma-Carcinom	—	11	11
Collum-Carcinom	1	1	2
Magen-Carcinom	—	1	1
	79	44	123

[1] COMESS, BEAHRS u. DOCKERTY 1957, SPITALIER u. COLONNA D'ISTRIA 1961, BECKER 1963.

Aus der Übersicht in Tab. 4 geht hervor, daß außer den Carcinomen des Kopf-Halsbereiches gar nicht selten Bronchialcarcinome und auch Mammacarcinome — zumeist wohl retro- oder orthrograd lymphogen — in Halslymphknoten gefunden werden. Für die Bronchialcarcinome ist daneben auch die hämatogene Absiedlung zu diskutieren.

4. Zur Morphologie der Tumormetastasen

Die Lymphknotenmetastasen können schlechter oder besser ausdifferenziert sein als die Primärtumoren. Ein Rückschluß auf den vermutlichen Sitz der Erstgeschwulst ist nur bei wenigen typischen Tumoren

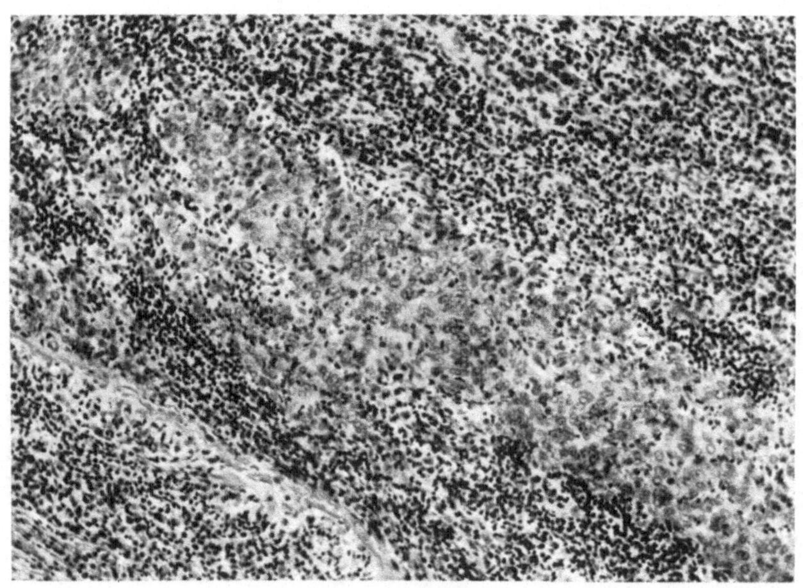

Abb. 62. Lympho-epitheliales Carcinom (SCHMINCKE-RÉGAUD). H.-E., 125 ×

möglich. Dazu gehört ein Teil der Bronchialcarcinome, vor allem das kleinzellige Bronchialcarcinom. Bei den im Halsbereich am häufigsten vorkommenden Plattenepithelcarcinomen ist nur der allgemeine Hinweis auf einen plattenepithelialen Ausgangspunkt der Geschwulst möglich.

Über zwei recht charakteristische und für den Hals-, Nasen-, Ohrenarzt wichtige Tumorarten, die aus Lymphknotenmetastasen mit einem hohen Grad von Wahrscheinlichkeit erschlossen werden können, sei kurz berichtet: das lymphoepitheliale Carcinom (SCHMINCKE-RÉGAUD) und den Ohrglomustumor (Tumor des Glomus jugulare bzw. des Paraganglion tympanicum).

Die Metastasen *lympho-epithelialer Carcinome*[1] können bei einiger Übung und bei Anfertigung der Giemsa-Färbung und Faserimprägnation identifiziert werden: Sie bestehen aus dichtliegenden, manchmal vorwiegend in den Sinus ausgebreiteten großen Zellen, die in soliden Komplexen zusammengefaßt sind. Sie enthalten — im Gegensatz zum Plattenepithelcarcinom — meist nur wenig Stroma. Die Zellen fallen durch ihren hellen „Kernsaft", ihre sehr großen basophilen Nucleolen, ihre dicke

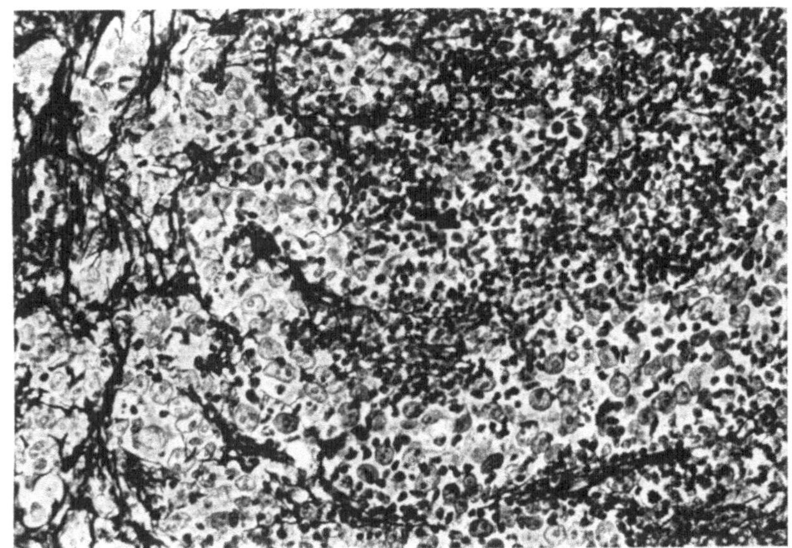

Abb. 63. Faserbild bei lymphoepithelialem Carcinom (SCHMINCKE-RÉGAUD). Bielschowsky, 250×

Kernmembran sowie ihr basophiles Plasma im Giemsa-Präparat sofort auf. Zellgrenzen kann man meist nicht feststellen. Auch werden keine Fasern gebildet. In der Umgebung besteht gelegentlich eine starke Infiltration mit eosinophilen Granulocyten, so daß in einzelnen unserer Fälle fälschlich eine Lymphogranulomatose bzw. ein Hodgkin-Sarkom diagnostiziert worden war. Eine nennenswerte Untermischung mit Lymphocyten wird — wenigstens im Lymphknoten — nicht beobachtet. Da die Strahlensensibilität höher als beim typischen Plattenepithelcarcinom ist, scheint uns die Erkennung nicht unwichtig. Im übrigen teilen wir völlig die Ansicht von DOERR (1956), wonach es sich um eine selbständige Tumorart handelt, die sowohl vom Plattenepithelcarcinom wie vom Reticulosarkom des Nasen-Rachenraumes abzugrenzen ist, wenn dies auch in Einzelfällen einmal schwierig sein mag. Die Häufigkeit

[1] SCHMINCKE 1921; CAPPELL 1938; v. ALBERTINI 1955; DOERR 1956, Lit.; EVANS 1956; WILLIS 1960; LEDERMAN 1961.

des Schmincke-Tumors wächst mit zunehmender Kenntnis dieser Geschwulst.

Demgegenüber sind Metastasen des an sich bereits seltenen *Ohrglomustumors*[1] in Halslymphknoten selten. A. BECKER hat einen solchen Fall beobachtet, an dem wir im Lymphknoten die Diagnose stellen konnten (siehe Abb. 65). Ein weiterer Fall dieser Art fand sich in der Sammlung von Prof. RANDERATH. Die Histologie entspricht ganz dem Tumor des Glomus caroticum. Die Tumorzellen liegen meist in dichten

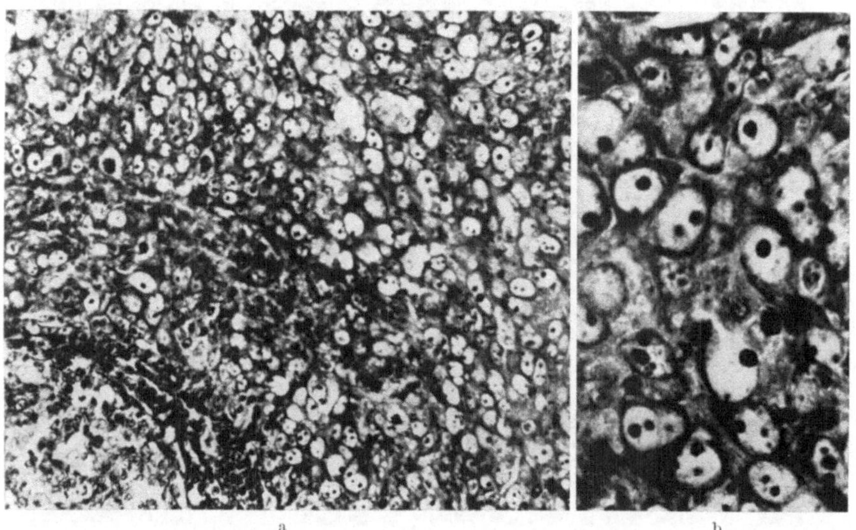

Abb. 64a und b. Zellbild im Giemsa-Präparat bei Schmincke-Tumor. Beachte den hellen „Kernsaft" und die großen basophilen Nucleolen sowie die Lage der Zellen in dichtgepackten Verbänden. In Abbildung a links unten Anschnitt eines Keimzentrums. a 250, b 625 ×

„Zellballen" zusammen; manchmal ist die Capillarisierung so stark, daß irrtümlich eine Gefäßgeschwulst diagnostiziert wird.

Die Carcinommetastasen zeigen im Halsbereich gelegentlich stärkere regressive Veränderungen. Vor allem kommen Verflüssigungen nekrotischer Metastasen (besonders Plattenepithelcarcinome!) mit cystenartiger Umwandlung nicht selten vor. Solche „Cysten" können sekundär die Haut durchbrechen. Dann tritt oft eine starke Fremdkörperentzündung um die Tumorzellkomplexe, speziell um Hornmassen von Plattenepithelcarcinomen, auf. Selten sind epitheloidzellige Reaktionen mit Riesenzellen im Tumorstroma.

Nach Bestrahlung und Chemotherapie[2] werden ausgedehnte Vernarbungen des Lymphknotens mit starker Hyalinisierung beobachtet. Dabei

[1] LE COMPTE 1951.
[2] LIEBEGOTT u. KLAPPERICH 1956; HILLEMANNS 1957 u. a.

können kleine Carcinomnester, z. B. in den Nervenscheiden der Umgebung, übrigbleiben und zu Rezidiven führen (siehe Abb. 66).

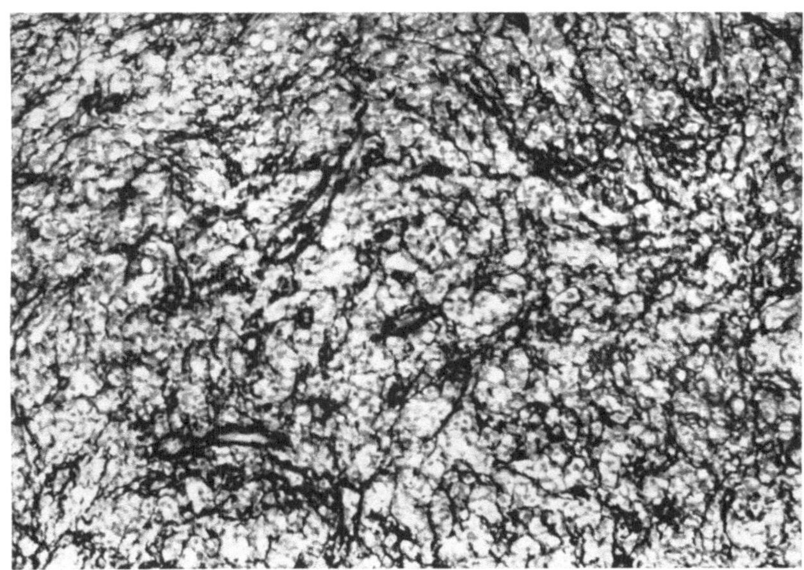

Abb. 65. Capillarreiche Metastase eines Ohrglomustumors (Fall A. BECKER). 61jährige Frau. Bielschowsky-Hämatoxylin, 125 ×

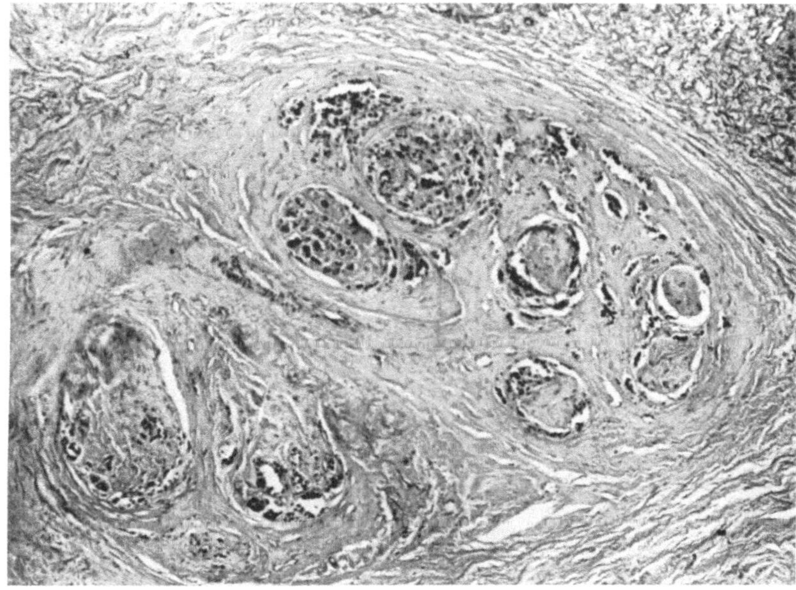

Abb. 66. Carcinomreste in Nervenscheiden der Lymphknotenumgebung bei völliger Verödung des Lymphknotens nach Bestrahlung. H.-E., 63 ×

Schlußwort

Blicken wir am Ende dieser skizzenhaften Übersicht noch einmal zurück: Die Forschung der letzten Jahrzehnte hat viel an neuen Erkenntnissen gebracht. Die Systematik der Lymphknotenerkrankungen ist dadurch wesentlich komplizierter geworden. Dies gilt vor allem für die Neoplasien des lymphoretikulären Gewebes. Aber es besteht die begründete Hoffnung, daß die Fortschritte auf dem Gebiet der experimentellen Pathologie und Cytologie, der Histochemie und der Elektronenmikroskopie schließlich doch zu einer Vereinfachung führen und daß sie uns lehren, Zusammenhänge zu sehen, wo wir heute von der Fülle der Einzelheiten erdrückt werden. Eine solche Zurückführung auf elementare Prinzipien wird dem behandelnden Arzt dann auch klare Richtlinien vermitteln, nach denen er Diagnose und Therapie ausrichten kann.

Literatur

I. Monographien und neuere Übersichten

André, R., et B. Dreyfus: La ponction ganglionnaire. Atlas de cytologie ganglionnaire pathologique. Expansion scientifique française 1955.

Becker, W.: Die Klinik der Lymphknotenerkrankungen des Halses. Arch. Ohr.-, Nas.-, u. Kehlk.-Heilk. **182**, 125—304 (1963).

Bîmes, C.: Le lymphocyte. Problèmes d'actualité. Bull. de l'Assoc. des Anatomistes, 48. Réunion Toulouse 1962.

Jackson, H., jr., and F. Parker jr.: Hodgkin's disease and allied disorders. New York: Oxford Univ. Press 1947.

Leiber, B.: Der menschliche Lymphknoten. München: Urban & Schwarzenberg 1961.

Lennert, K.: Lymphknoten. Diagnostik in Schnitt und Ausstrich. A. Cytologie und Lymphadenitis. Handbuch der speziellen pathologischen Anatomie und Histologie (Henke, Lubarsch, Roessle u. Uehlinger) Bd. **1**, **3**. Berlin, Göttingen, Heidelberg: Springer 1961a.

Lumb, G.: Tumors of lymphoid tissue. Edinburgh u. London: Livingstone 1954.

Marshall, A. H. E.: An outline of the cytology and pathology of the reticular tissue. Edinburgh u. London: Oliver and Boyd 1956.

Morales Pleguezuelo, M.: La citologia real de los ganglios linfáticos. Madrid: Editorial Paz Montalvo 1958.

Policard, A.: Physiologie et pathologie du système lymphoïde. Paris: Masson & Cie. 1963.

Robb-Smith, A. H. T.: Hyperplasia and neoplasia of the lympho-reticular tissue. J. Path. Bact. **47**, 457—480 (1938).

Roulet, F. C.: Symposion on lymphoreticular tumours in Africa. Basel u. New York: S. Karger 1964.

II. Einzeldarstellungen

Ahlström, C. G.: Vom Retikelzellsarkom zur Retikulose. Ein Beitrag zur Kenntnis der Natur der Retikulosen. Beitr. path. Anat. **106**, 55—77 (1942).

Akazaki, K.: Tumors of the Reticulo-Endothelial System. Acta path. jap. **3**, 24—43 (1953).

Albertini, A. von: Zur pathologischen Anatomie des lymphatischen Systems. Schweiz. med. Wschr. **1936**, 305—310.

— Histologische Geschwulstdiagnostik. Stuttgart: Thieme 1955.

—, u. W. Lieberherr: Beiträge zur pathologischen Anatomie der Febris undulans Bang. Frankfurt. Z. Path. **51**, 69—97 (1937).

—, u. J. R. Rüttner: Über das Wesen des großfollikulären Lymphoblastoms (Brill-Symmers-Disease). Dtsch. med. Wschr. **1950**, 27—29.

Anders, H. E.: Die Pathogenese der Altersphthise. Verh. dtsch. Ges. Path. **23**, 406—426 (1928).

Andreasen, A. P.: Myelofibrosis. Copenhagen: Munksgaard 1958.

Apitz, K.: Die Leukämien als Neubildungen. Virchows Arch. path. Anat. **299**, 1—69 (1937).

— Über eine leukämische Lymphoretikulose (Kombination lymphatischer Leukämie mit leukämischer Reticulose). Virchows Arch. path. Anat. **304**, 65—78 (1939).

Arnold, W.: Die Kerne der Schaumzellen. Beitr. path. Anat. **108**, 1—34 (1943).

Baker, R. D.: Tissue changes in fungous disease. Arch. Path. **44**, 459—466 (1947).

BECK, H., H. BEHRENDT u. J. KASTERT: Zur Klinik und Therapie der Halslymphknotentuberkulose. Tuberk.-Arzt **12**, 573—580 (1958).

BECKER, W., u. J. MATZKER: Die Toxoplasmose in ihrer Bedeutung für den Hals-Nasen-Ohren-Arzt. Z. Laryng. Rhinol. **41**, 329—347 (1962).

BEGEMANN, H.: Persönliche Mitteilung (1962).

— Klinik der Retikulosen. Referat auf Krebskongreß Mainz 1963.

BEHRENDT, H.: Über Tonsillentuberkulose. Tuberk.-Arzt **12**, 370—374 (1958).

BEITZKE, H.: Extrapulmonale tuberkulöse Primärkomplexe. Ergebn. ges. Tuberk.-Forsch. **11**, 129—176 (1953).

— Über den Weg der Tuberkelbazillen von der Mund- und Rachenhöhle zu den Lungen, mit besonderer Berücksichtigung der Verhältnisse beim Kinde. Virchows Arch. path. Anat. **184**, 1—55 (1906).

BERMAN, L.: Malignant lymphomas. Their classification and relation to leukemia. Blood **8**, 195—210 (1953).

BERNARD, J., et M. BESSIS: Hématologie clinique. Paris: Masson & Cie. 1958.

BERSACK, S. R.: Hodgkin's disease. A pathologic classification. Amer. J. clin. Path. **13**, 253—259 (1943a).

— Hodgkin's disease — Incidence and prognosis. A statistical correlation with the clinicopathologic picture. Arch. intern. Med. **73**, 232—237 (1943b).

BESSIS, M.: Traité de cytologie sanguine. Paris: Masson & Cie. 1954.

BICHEL, J.: Long remissions in Hodgkin's disease. Acta radiol. (Stockh.) **44**, 325—336 (1955).

— P. EFFERSØE, H. GORMSEN and N. HARBOE: Leukemic myelomatosis (plasma cell leukemia). A review with report of four cases. Acta radiol. (Stockh.) **37**, 196—207 (1952).

BILGER, R.: Das großfollikuläre Lymphoblastom (die Brill-Symmerssche Krankheit). Ergebn. inn. Med., N. F. **5**, 642—706 (1954).

BLACK, M. M., ST. KERPE and F. D. SPEER: Lymph node structure in patients with cancer of the breast. Amer. J. Path. **29**, 505—522 (1953).

—, and F. D. SPEER: Lymph node structure in control and in tumor-bearing CFW mice. Arch. Path. **59**, 254—258 (1955).

BÖHM, W.: Die Lymphknotentoxoplasmose der Erwachsenen. Path. et Microbiol. (Basel) **25**, 170—183 (1962).

BONENFANT, J.-L.: La lympho-réticulose médullaire chronique maligne avec syndrome hodgkinien (paragranulome). Bull. Ass. franç. Cancer **45**, 296—315 (1954).

BOSTICK, W. L.: Evidence for the virus etiology of Hodgkin's disease. Ann. N. Y. Acad. Sci. **73**, 307—334 (1958).

BREDT, H.: Zur Frage der morphologischen und chemischen Eigenart der xanthösen Form der Lymphogranulomatose. Dtsch. Z. Verdau.- u. Stoffwechselkr. **9**, 39—51 (1949).

BRIELLMANN, A.: Über Plasmazellenbefunde in Lymphknoten bei Lebercirrhose und die Bedeutung der Russellschen Körperchen. Schweiz. Z. Path. **18**, 335 bis 353 (1955).

BRILL, N. E., G. BAEHR and N. ROSENTHAL: Generalized giant lymph follicle hyperplasia of lymph nodes and spleen. A hitherto undescribed type. Amer. J. Med. **13**, 570—574 (1952). Neudruck der früheren Arbeit aus J. Amer. med. Ass. **84**, 668 (1925).

BRÜCHER, H.: Systematik der Retikulosen. Internist **3**, 95—103 (1962).

BRÜGGER, H.: Die Chemotherapie der Tuberkulose peripherer Lymphknoten. Ergebn. ges. Tuberk.-Forsch. **13**, 411—436 (1956).

— Tuberkulose der peripheren Lymphknoten. Hdb. d. Tuberkulose IV. Stuttgart: G. Thieme 1963.

Brunner, U. V.: Die Bedeutung des Ductus thoracicus als Metastasierungsweg abdominaler Geschwülste. Inaug.-Dissertation Zürich 1960.

Butenandt, A.: Karzinogene Stoffe und Tumorgenese. Verh. dtsch. Ges. Path. **35**, 70—81 (1951).

Callender, G. R.: Tumors and tumor-like conditions of the lymphocyte, the myelocyte, the erythrocyte, and the reticulum cell. Amer. J. Path. **10**, 443—466 (1934).

Cappell, D. F.: The pathology of nasopharyngeal tumours. J. Laryng. **53**, 538—580 (1938).

Castleman, B.: Tumors of the thymus gland. Atlas of tumor pathology V, 19. Washington: Armed Forces Institute of Pathology 1955.

— L. Iverson and V. P. Menendez: Localized mediastinal lymph node hyperplasia resembling thymoma. Cancer (N. Y.) **9**, 822—830 (1956).

Cavanagh, J. B.: Lipidoses. In Marshall, A. H. E.: An outline of the cytology and pathology of the reticular tissue, p. 214—253. Edinburgh u. London: Oliver and Boyd 1956.

Cazal, P.: La réticulose histiomonocytaire. Paris: Masson & Cie. 1946.

Chester, W.: Über Lipoidgranulomatose. Virchows Arch. path. Anat. **279**, 561—602 (1931).

Chevallier, P., et J. Bernard: Les Adénopathies inguinales. Paris: Alcan 1932.

Chiari, H.: Die generalisierte Xanthomatose vom Typus Schüller-Christian. Erg. allg. Path. path. Anat. **24**, 396—450 (1931).

— Über Tularämie. Wien. med. Wschr. **1937**, 1015—1019.

— Über das feingewebliche Bild der bei Mesantoinbehandlung zu beobachtenden Lymphknotenschwellung. Wien. klin. Wschr. **1951**, 77—81.

Churg, J., and L. Strauss: Allergic granulomatosis, allergic angiitis, and periarteritis nodosa. Amer. J. Path. **27**, 277—302 (1951).

Comess, M. S., O. H. Beahrs and M. B. Dockerty: Cervical metastasis from occult carcinoma. Surg. Gynec. Obstet. **104**, 607—617 (1957).

Conant, N. F., D. T. Smith, R. D. Baker, J. L. Callaway and D. St. Martin: Manual of clinical mycology. 2. edit. Philadelphia u. London: W. B. Saunders Comp. 1954.

Costa, A., e L. Negri: Il profilo, la posizione, le interrelazioni delle reticolosi entro le mesenchimo-citopatie sistematiche progressive e il significato biologico di queste. Arch. De Vecchi Anat. pat. **24**, 808—952 (1956).

Crocker, A. C., and S. Farber: Niemann-Pick disease: A review of eighteen patients. Medicine (Baltimore) **37**, 1—95 (1958).

Custer, R. P., and E. B. Smith: The pathology of infectious mononucleosis. Blood **3**, 830—857 (1948).

Da Grada, A., u. M. De Amicis: Ein Fall von primärem Endotheliom der Lymphdrüsen. Virchows Arch. path. Anat. **207**, 323—330 (1912).

Dameshek, W., and F. Gunz: Leukemia. New York u. London: Grune & Stratton 1958.

Daniels, A. C.: A method of biopsy useful in diagnosing certain intrathoracic diseases. Dis. Chest **16**, 360—367 (1949).

Daniels, W. B., and F. G. McMurray: Cat scratch disease: nonbacterial regional lymphadenitis: a report of 60 cases. Ann. intern. Med. **37**, 697—713 (1952).

— — Cat scratch disease. Report of 160 cases. J. Amer. med. Ass. **154**, 1247—1259 (1954).

Debré, R., et J. C. Job: La maladie des griffes de chat. Acta paediat. (Uppsala) **43**, Suppl. 96, 1—86 (1954).

— M. Lamy, M.-L. Jammet, L. Costil et P. Mozziconа: La maladie des griffes de chat. Bull. Soc. méd. Hôp. Paris, IV. s. **66**, 76—79 (1950).

DEELMAN, H. T.: Über die Retikulosen und das Problem der Leukämien. Schweiz. Z. Path. **12**, 137–144 (1949).

DIEZEL, P. B.: Die Stoffwechselstörungen der Sphingolipoide. Eine histochemische Studie an den primären Lipoidosen und den Entmarkungskrankheiten des Nervensystems. Berlin, Göttingen, Heidelberg: Springer 1957.

— Die angeborenen Störungen des Lipoidstoffwechsels. In: Medizin. Grundlagenforschung **4**, 239–297 (1962).

DI GUGLIELMO, R., e P. RUGGIERI: La malattia di Waldenström (Reticolosi linfoide disprotidemica). Rom: Edizioni mediche e scientifiche 1956.

DOERR, W.: Über lymphoepitheliale Geschwülste Schmincke-Régaud. Ärztl. Wschr. **11**, 169–182 (1956).

DONAT, R.: Die Reaktionen des lymphatischen Gewebes beim Krebs. Z. Krebsforsch. **54**, 301–359 (1947).

DÜRING, M.: Zur Pathologie und Klinik des Lymphogranuloms. Dtsch. Arch. klin. Med. **127**, 76–109 (1918).

DUMERMUTH, G.: Reticulogranulomatose: Zwei Fälle von eosinophilem Granulom mit Übergang in Hand-Schüller-Christiansche Krankheit. Helv. paediat. Acta **13**, 15–39 (1958).

EDER, M., u. M. ZAGEL: Katamnestische Untersuchungen über Altersverteilung, Verlaufsdauer und Prognose der Lymphogranulomatose. Dtsch. med. Wschr. **1962**, 1960–1966.

EHRICH, W. E.: Morphologie und Physiologie der Antikörperbildung. Verh. dtsch. Ges. Path. **46**, 10–48 (1962).

ENGLERT, H. K., u. J. NASSAL: Untersuchungen über das pathologisch-histologische Bild der durch die 3 Typen des Tuberkuloseerregers hervorgerufenen Veränderungen beim Rind. Mh. Tierhk., Sonderteil „Rindertuberkulose und Brucellose" **10**, 21–27 (1961).

EPPINGER, H.: Die Klinik der Lipoidosen. Verh. dtsch. Ges. Path. **31**, 51–71 (1939).

EVANS, R. W.: Histological appearances of tumours. Edinburgh u. London: Livingstone 1956.

EWING, J.: Neoplastic diseases. 4. edit. Philadelphia u. London: W. B. Saunders Comp. 1941.

EWING, M. R., and F. W. FOOTE jr.: Plasma-cell tumors of the mouth and upper air passages. Cancer (N. Y.) **5**, 499–513 (1952).

FEYRTER, F.: Über die Beziehungen zwischen der Abt-Letterer-Siweschen Erkrankung, dem eosinophilen Granulom des Knochens (der eosinophilen Granulomatose) und der Hand-Schüller-Christianschen Erkrankung. Medizinische **1955** a, 1019–1025.

— Zur Frage der Lipoidosen. Virchows Arch. path. Anat. **327**, 643–662 (1955 b).

FINKBEINER, J. A., L. F. CRAVER and H. D. DIAMOND: Prognostic signs in Hodgkin's disease. J. Amer. med. Ass. **256**, 472–477 (1954).

FLEISCHER, B.: Über Beziehungen der Mikuliczschen Krankheit zur Tuberkulose und Pseudoleukämie. Klin. Augenheilk. **48**, 289–312 (1910).

— Über epitheloidzellige Granulomatose. Arch. Ophthal. **143**, 435–455 (1941).

FLIEDNER, T. M.: Persönliche Mitteilung (1962).

— E. P. CRONKITE u. V. P. BOND: Möglichkeiten und Grenzen der Markierung hämopoetischer Zellsysteme mit ^{3}H-Thymidin zur Bestimmung ihrer Proliferationsdynamik. 8. Congr. Europ. Ges. f. Haematol. Wien 1961.

FOOTE, F. W., jr., and E. L. FRAZELL: Tumors of the major salivary glands. Atlas of tumor pathology, Vol. IV, 11. Washington 1954.

FORSCHBACH, G.: Die Skalenuslymphknoten-Biopsie nach Daniels. Dtsch. med. Wschr. **1962**, 1614–1616.

FORSTER, G., u. S. MOESCHLIN: Extramedulläres, leukämisches Plasmocytom mit Dysproteinämie und erworbener hämolytischer Anämie. Schweiz. med. Wschr. **1954**, 1106–1110.

FREDRICKSON, D. S.: Niemann Pick disease. In: STANBURY, FREDRICKSON u. WYNGAARDEN, p. 580–602 (1960).

—, and A. F. HOFMANN: Gaucher's disease. In: STANBURY, FREDRICKSON u. WYNGAARDEN, p. 603–636 (1960).

FREIMAN, D. G.: Sarcoidosis. New Engl. J. Med. **239**, 664–671, 709–716, 743–749 (1948).

FRESEN, O.: Zur normalen und pathologischen Histologie des Retikuloendothelialen Systems, Retikulose-Monocytenleukämie. Habil.-Schr. Düsseldorf 1945.

— Untersuchungen zur Struktur und Genese des Tuberkels als Beitrag zur tuberkulösen Entzündung. I u. II. Virchows Arch. path. Anat. **317**, 491–516, 517–546 (1950a).

— Beitrag zur Histogenese der Tuberkulose. Beitr. Klin. Tuberk. **103**, 47–54 (1950b).

— Die Histomorphologie monocytärer Leukosen. Acta haemat. (Basel) **6**, 290–309 (1951).

— Pathologische Anatomie und Abgrenzung der Hämoblastosen und Retikulosen. Strahlentherapie **91**, 1–34 (1953a).

— Die retothelialen Hämoblastosen. Virchows Arch. path. Anat. **323**, 312–350 (1953b).

— Die Pathomorphologie des Retothelialen Systems. Verh. dtsch. Ges. Path. **37**, 26–85 (1954).

— Über Örtlichkeit und Wertigkeit des Morbus Brill-Symmers. Zbl. allg. Path. path. Anat. **95**, 284–306 (1956).

— Zur pathologischen Anatomie und Nosologie der Lymphogranulomatose. Ergebn. inn. Med., N. F. **9**, 38–86 (1958a).

— Die gestaltliche Betrachtung des M. Boeck. Ergebn. ges. Tuberk.-Forsch. **14**, 605–649 (1958b).

FROMME: Verhalten der Lymphdrüsen beim Carcinoma cervicis uteri; Versuche zur Übertragung des Uteruscarcinoms auf Ratten. Z. Krebsforsch. **5**, 36–39 (1907).

GALL, E. A., and T. B. MALLORY: Malignant lymphoma. A clinico-pathologic survey of 618 cases. Amer. J. Path. **18**, 381–412 (1942).

GALL, E. A., and H. RAPPAPORT: Seminar on diseases of lymphnodes and spleen. Amer. Soc. Clin. Pathologists 1958.

—, and H. A. STOUT: The histological lesion in lymph nodes in infectious mononucleosis. Amer. J. Path. **16**, 433–448 (1940).

GASTPAR, H.: Die Tumoren des Glomus caroticum, Glomus jugulare-tympanicum und Glomus vagale. Acta oto laryngologica. Suppl. **167** (1961).

GHON, A., u. B. ROMAN: Über das Lymphosarkom. Frankfurt. Z. Path. **19**, 1–138 (1916).

—, u. G. POTOTSCHNIG: Über den primären tuberkulösen Lungenherd beim Erwachsenen nach initialer Kindheitsinfektion und nach initialer Spätinfektion und seine Beziehungen zur endogenen Reinfektion. Beitr. klin. Tuberk. **41**, 103–123 (1919).

— H. KUDLICH u. ST. SCHMIEDL: Die Veränderungen der Lymphknoten in den Venenwinkeln bei Tuberkulose und ihre Bedeutung. Z. Tuberk. **46**, 1–31, 97–123 (1926).

GILBERT, R.: Strahlentherapie der Systemerkrankungen der blutbildenden Organe. Radiol. Austriaca **6**, 67–98 (1953).

GLANZMANN, E.: Röteln (Rubeolen). In: Handbuch der inn. Med., Bd. I/1, S. 241 bis 249. Berlin, Göttingen, Heidelberg: Springer 1952.

GODTFREDSEN, E.: Ophthalmologic and neurologic symptoms of malignant nasopharyngeal tumours. A clinical study comprising 454 cases, with special reference to histopathology and the possibility of earlier recognition. Acta oto-laryng. (Copenh.) Suppl. **59** (1944).

GOMES DA COSTA, S. F., A. DUCLA SOARES, AYRES BRÁULIO DA SILVA, A. MACHADO CAETANO et J. A. FILIPE DA SILVA: L'utilisation des immun-sérums „antisérums spécifique" pour l'étude des protides circulants anormaux. L'isolement des protides „specifiqués". Clin. chim. Acta **6**, 377—387 (1961).

GORTON, G., and F. LINELL: Malignant tumours and sarcoid reactions in regional lymph nodes. Acta radiol. (Stockh.) **47**, 381—392 (1957).

GRÄFF, S.: Über die bösartigen Geschwülste und geschwulstähnlichen Neubildungen des Epipharynx. II. Mitt.: Die Lymphogranulomatose der obersten Luft- und Speisewege. Beitr. path. Anat. **95**, 497—537 (1935).

GRUNDMANN, E.: Cytologische Untersuchungen über Formen und Orte der Lymphocytenreifung bei der Ratte. Verh. dtsch. Ges. Path. **41**, 261—266 (1958a).

— Die Bildung der Lymphocyten und Plasmazellen im lymphatischen Gewebe der Ratte. Beitr. path. Anat. **119**, 217—262 (1958b).

— Experimentelle Untersuchungen über die funktionelle Cytomorphologie der lymphatischen Strukturen bei Entzündung sowie unter Cortison und DOCA. Beitr. path. Anat. **119**, 377—432 (1958c).

— Über die Unterscheidung von zwei Lymphocytentypen im Phasenkontrastmikroskop. Virchows Arch. path. Anat. **332**, 17—24 (1959a).

— Der morphologische Nachweis von zwei Lymphocytensystemen beim Menschen. Klin. Wschr. **1959** b, 941—946.

— Neuere Befunde über Entstehung und Bedeutung der Lymphozyten. Dtsch. med. Wschr. **1960**, 741—746.

— Persönliche Mitteilung (1962).

GSELL, O., u. M. GSELL-BUSSE: Die Katzenkratzkrankheit. Ergebn. inn. Med. Kinderheilk., N.F. **9**, 76—122 (1957).

GÜTTNER, H.-G.: Morphologische Untersuchungen an regionären Lymphknoten bösartiger Geschwülste. Z. Krebsforsch. **53**, 93—106 (1943).

HARRISON, C. V.: Benign Hodgkin's disease (Hodgkin's paragranuloma). J. Path. Bact. **64**, 513—518 (1952).

— An introduction to the reticuloses. Practitioner **177**, 123—132 (1956).

HASCHE-KLÜNDER, G.: Zur Differentialdiagnose der tuberkulösen Halslymphknoten. Münch. med. Wschr. **1951**, 1829—1834, 1897—1902.

HAUBRICH, R.: Zur Strahlentherapie und Prognose der Lymphogranulomatose. Strahlentherapie **88**, 102—116 (1952).

HEALY, R. J., H. I. AMORY and M. FRIEDMAN: Hodgkin's disease. Radiology **64**, 51—55 (1955).

HECKNER, F.: Cytologie und Klinik der Lymphogranulomatose. Ergebn. inn. Med. Kinderheilk. N. F. **10**, 512—593 (1958).

HEILMEYER, L., u. H. BEGEMANN: Blut und Blutkrankheiten. In Handbuch der inneren Medizin, 4. Aufl., Bd. 2. Berlin, Göttingen, Heidelberg: Springer 1951.

— G. MÖSSNER u. W. HUNSTEIN: Die Lymphogranulomatose. Symptomatologie und Therapieergebnisse von 200 Fällen. Dtsch. med. Wschr. **1957**, 1046—1050.

— K. WURM u. H. REINDELL: Klinik des M. Boeck. Beitr. Klin. Tuberk. **114**, 46—75 (1955).

HEINZMANN, F.: Magenkarzinom mit tuberkuloider Lymphknotenreaktion. Wien. klin. Wschr. **1958**, 947—948.

HELLWIG, C. A.: Extramedullary plasma cell tumors as observed in various localisations. Arch. Path. **36**, 95–111 (1943).

HERING, H., u. P. SCHEID: Kritische Bemerkungen zum Melkersson-Rosenthal-Syndrom als Teilbild des Morbus Besnier-Boeck-Schaumann. Arch. Derm. Syph. (Berl.) **197**, 344–382 (1954).

HERXHEIMER, G.: Über Karzinom und Tuberkulose. Z. Tuberk. **27**, 251–258 (1917).

HILLEMANNS, H.-G.: Die Reaktion der regionären Lymphknoten auf die therapeutische Radium-Röntgen-Bestrahlung bei Kollumkarzinom. Z. Geburtsh. Gynäk. **149**, 156–196 (1957).

HOAGLAND, R. J., u. E. HILL: Die diagnostischen Kriterien der infektiösen Mononukleose. Dtsch. med. Wschr. **1955**, 214–217.

HOHL, K., u. A. GRETENER: Das Reticulosarkom. Zürcher Material von 1936–1951 (39 Fälle). Oncologia (Basel) **9**, 338–352 (1956).

—, PH. SARASIN u. W. BESSLER: Therapie und Prognose der Lymphogranulomatose. Zürcher Erfahrungen von 1922–1950. Oncologia (Basel) **4**, 1–20 (1951).

HOLZMANN, H., u. K. HASSENPFUG: Tertiärsyphilitische Lymphknotenbeteiligung vom granulierenden Typ bei einem Kranken mit plattenartigen Gummen der Haut. Arch. klin. exp. Derm. **215**, 230–245 (1962).

HOSTER, H. A., M. B. DRATMAN, L. F. CRAVER and H. A. ROLNICK: Hodgkin's disease 1832–1947. Cancer Res. **8**, 1–48, 49–78 (1948).

HUEBSCHMANN, P.: Pathologische Anatomie der Tuberkulose. Berlin: Springer 1928.

— Die pathogenetischen und pathologisch-anatomischen Grundlagen der menschlichen Tuberkulose. Stuttgart: Hippokrates Verlag 1956.

IMHOF, J. W.: De macroglobulinaemie van Waldenström. Proefschrift. Utrecht 1958.

INADA, K., K. KAWAI, T. KATSUMURA and A. NAKANO: Giant lymph node hyperplasia of the mediastinum. Amer. Rev. Tuberc. **79**, 232–237 (1959).

INAMA, K.: Beitrag zur morphologischen Pathologie der Monocytenleukämie. Beitr. path. Anat. **111**, 426–444 (1951).

ISRAELS, M. C. G.: The reticuloses. A clinicopathological study. Lancet **1953**, 525–530.

JACKSON, H., jr.: Classification and prognosis of Hodgkin's disease and allied disorders. Surg. Gynec. Obstet. **64**, 465–467 (1937).

Hodgkin's disease and allied disorders. New. Engl. J. Med. **220**, 26–30 (1939).

JAEGER, E.: Das extramedulläre Plasmocytom. Z. Krebsforsch. **52**, 349–383 (1942).

JANBON, M., et L. BERTRAND: Les ganglions lymphatiques de la brucellose humaine. Rev. Prat. (Paris) **5**, 233–238 (1955).

JANSSEN, W.: Morphologie und Systematik der Retikulosen. Z. ärztl. Fortbild. **52**, 1016–1025 (1958).

—, u. G. WÜST: Zur Frage Hodgkin-Sarkom oder Retothelsarkom. Virchows Arch. path. Anat. **329**, 453–468 (1956).

JATHO, K.: Zur Pathogenese und Behandlung der Tuberkulose der Halslymphknoten. Dtsch. med. Wschr. **1962**, 137–143.

JECKELN, E.: Lymphknotentoxoplasmose. Frankfurt. Z. Path. **70**, 513–522 (1960).

JELIFFE, A. M., and A. D. THOMSON: The prognosis in Hodgkin's disease. Brit. J. Cancer **9**, 21–36 (1955).

KABELITZ, H. J.: Klinik der erworbenen Toxoplasmose. Stuttgart: Enke 1962.

KALBFLEISCH, H. H.: Zunahme der Halsdrüsentuberkulose. Dtsch. Gesundh.-Wes. **3**, 655–658 (1948).

KALKOFF, K. W.: Zur Entstehung der Halslymphdrüsentuberkulose. Beitr. Klin. Tuberk. **101**, 22–32 (1949).

— Die Stellung der Boeckschen Krankheit im Rahmen der Tuberkulose. Tuberk.-Arzt **4**, 245–260 (1950).

KALKOFF, K. W.: Zur Ätiologie des M. Boeck. Beitr. Klin. Tuberk. **114**, 3—17 (1955).

KALTER, S. S., J. E. PRIER and J. T. PRIOR: Recent studies on the diagnosis of cat scratch fever. Ann. intern. Med. **42**, 562—573 (1955).

KANZOW, U.: Plasmocytom und Makroglobulinämie. Medizinische **1959**, 1352—1361.

KAPPELER, R., A. KREBS u. G. RIVA: Klinik der Makroglobulinämie Waldenström. Beschreibung von 21 Fällen und Übersicht der Literatur. Helv. med. Acta **25**, 54—152 (1958).

KASTERT, J.: Die chirurgische Behandlung der Halslymphknotentuberkulose. Chirurg **21**, 492—495 (1950).

KIESSLING, W., u. H. TRITSCH: Lymphknotenveränderungen bei Hautkrankheiten verschiedener Herkunft unter besonderer Berücksichtigung der sogenannten „lipomelanotischen Reticulose" (PAUTRIER u. WORINGER). Arch. Derm. Syph. (Berl.) **199**, 56—70 (1954).

KINDLER, W.: Die latente Gaumen- und Rachenmandel-Tuberkulose. Dtsch. med. Wschr. **1948**, 554—556.

— Die besondere Bedeutung der pathologischen Anatomie bei der Feststellung latenter Gaumen- und Rachenmandel-Tuberkulose. Aktuelle Fragen der inneren Medizin **1**, Teil 2. Berlin: W. de Gruyter u. Co. 1951

KINTZEN, W., u. R. WEBER: Das generalisierte eosinophile Granulom. Ann. paediat. (Basel) **177**, 329—354 (1951).

KIRCHHOFF, H., u. H. KRÄUBIG: Toxoplasmose. Göttinger Symposion 1960. Stuttgart: Thieme 1962.

KNAPP, W.: Pasteurella pseudotuberculosis als Erreger einer mesenterialen Lymphadenitis beim Menschen. Zbl. Bakt., I. Abt. Orig. **161**, 422—424 (1954).

— Mesenteric adenitis due to pasteurella pseudotuberculosis in young people. New Engl. J. Med. **259**, 776—778 (1958).

— Pasteurella pseudotuberculosis. Ergebn. Mikrobiol. **32**, 196—269 (1959).

—, u. W. MASSHOFF: Zur Ätiologie der abszedierenden, retikulozytären Lymphadenitis. Dtsch. med. Wschr. **1954**, 1266—1271.

KNOTHE, H., O. ZIMMERMANN u. G. HAVEMEISTER: Über die Tularämie in Schleswig-Holstein. Dtsch. med. Wschr. **1959**, 906—909.

KÖHLER, G.: Untersuchungen über das Vorkommen der Lymphknotentuberkulose. Inaug.-Dissertation. Frankfurt am Main 1955.

KÖHN, K.: Blastomatöses Lymphogranulom oder Retothelsarkom? Zbl. allg. Path. path. Anat. **87**, 220—228 (1951).

LAPIS, K.: Lymphknotenveränderungen bei experimentellen Geschwülsten. Beitr. path. Anat. **118**, 143—162 (1957).

LE COMPTE, PH. M.: Tumors of the carotid body and related structures (chemoreceptor system). Atlas of tumor pathology IV, 16. Washington: Armed Forces Institute of Pathology 1951.

LEDER, L.-D.: Über die selektive fermentcytochemische Darstellung von neutrophilen myeloischen Zellen und Gewebsmastzellen im Paraffinschnitt. Klin. Wschr. (im Druck) (1964).

LEDERMAN, M.: Cancer of the nasopharynx. Its natural history and treatment. Springfield, Ill.: Charles C. Thomas 1961.

LEIBOWITZ, S.: Infectious mononucleosis. New York: Grune & Stratton 1953.

LEICHER, H.: Tuberkulose der regionären Lymphdrüsen bei Carcinomen des Kehlkopfes, des Rachens und der Zunge. Z. Hals-, Nas.- u. Ohrenheilk. **15/16**, 123—130 (1926).

LEITNER, ST. J.: Der Morbus Besnier-Boeck-Schaumann. Basel: Schwabe 1949.

LÉNART, Z. VON: Kombination von Karzinom und Tuberkulose im Kehlkopf. Arch. Laryng. Rhin. (Berl.) **31**, 586—590 (1918).

Lennert, K.: Zur histologischen Diagnose der Lymphogranulomatose. Habil.-Schrift. Frankfurt am Main 1952.
— Histologische Studien zur Lymphogranulomatose. I. Die Cytologie der Lymphogranulomzellen. Frankfurt. Z. Path. **64**, 209—234 (1953a).
— Studien zur Histologie der Lymphogranulomatose. II. Die diagnostische Bedeutung der einzelnen Zellelemente in lymphogranulomatösen Lymphknoten. Frankfurt. Z. Path. **64**, 343—356 (1953b).
— Über die Berechtigung der Unterscheidung von drei Lymphogranulomformen nach Jackson und Parker. Verh. dtsch. Ges. Path. **37**, 174—179 (1954).
— Die pathologische Anatomie der Makroglobulinämie Waldenström. Frankfurt. Z. Path. **66**, 201—226 (1955).
— Über die Erkennung von Keimzentrumszellen im Lymphknotenausstrich. Klin. Wschr. **1957**, 1130—1132.
— Die Frühveränderungen der Lymphogranulomatose. Frankfurt. Z. Path. **69**, 103—122 (1958).
— Diagnose und Ätiologie der Piringerschen Lymphadenitis. Verh. dtsch. Ges. Path. **42**, 203—208 (1959).
— Über Morphologie, Funktion und maligne Neoplasien der Lymphocyten. Z. Haut- u. Geschl.-Kr. **28**, 389—406 (1960).
— Frühveränderungen der Lymphogranulomatose und Paragranulom. Vortrag auf dem Kolloqium „Lymphogranulomatose (Morbus Hodgkin)". 8. Europ. Hämatol. Kongreß, Wien 1961 b.
— Diskussion zu Bîmes: Le lymphocyte. Problèmes d'actualité. 48. Réunion de l'Association des Anatomistes, Toulouse 15.—19. April 1962a.
— Zur pathologischen Anatomie von Urticaria pigmentosa und Mastzellenreticulose. Klin. Wschr. **1962**b, 61—67.
— Pathologische Anatomie der Reticulosen. Referat auf Krebskongreß Mainz 1963.
—, u. H. Elschner: Zur Kenntnis der lipomelanotischen Reticulo(cyto)se. Frankfurt. Z. Path. **65**, 559—577 (1954).
—, u. A.-M. Hippchen: Zur Prognose der Lymphogranulomatose. Abhängigkeit von histologischem Bild, Alter und Geschlecht. Frankfurt. Z. Path. **65**, 378—389 (1954).
—, u. E. Illert: Die Häufigkeit der Gewebsmastzellen im Lymphknoten bei verschiedenen Erkrankungen. Frankfurt. Z. Path. **70**, 121—131 (1959).
— H. Löffler u. F. Grabner: Fermenthistochemische Untersuchungen des Lymphknotens. IV. Esterase in Schnitt und Ausstrich. Virchows Arch. path. Anat. **335**, 491—512 (1962).
— — u. L.-D. Leder: Fermenthistochemische Untersuchungen am lymphoretikulären Gewebe. Cyto- und Histochemie in der Hämatologie. 9. Freiburger Symposion (1962), S. 363—383. Berlin, Göttingen, Heidelberg: Springer 1963.
—, u. J. C. F. Schubert: Untersuchungen über die sauren Mucopolysaccharide der Gewebsmastzellen im menschlichen Knochenmark. Frankfurt. Z. Path. **69**, 579—590 (1959).

Letterer, E.: Aleukämische Retikulose. (Ein Beitrag zu den proliferativen Erkrankungen des Retikuloendothelialapparates.) Frankfurt. Z. Path. **30**, 377—394 (1924).
— Über eine xanthöse Lymphogranulomatose mit besonderer Beteiligung des Skeletts. Veröff. Gewerbe- u. Konstit.-Path. **8**, 1—34 (1934).
— Allgemeine Pathologie und Pathologische Anatomie der Lipoidosen. Verh. dtsch. Ges. Path. **31**, 12—51 (1938).
— Speicherungskrankheiten. Dtsch. med. Wschr. **1948**, 147—152.

LETTERER, E.: Unspezifische Vorstadien der Lymphogranulomatose. Zbl. allg. Path. path. Anat. **90**, 236 (1953).

LICHTENSTEIN, L.: Histiocytosis X: Integration of eosinophilic granuloma of bone, "Letterer-Siwe disease", and "Schüller-Christian disease" as related manifestations of a single nosologic entity. Arch. Path. **56**, 84—102 (1953).

LIEBEGOTT, G., u. E. KLAPPERICH: Morphologische Befunde bei malignen Tumoren nach Chemotherapie. Verh. dtsch. Ges. Path. **39**, 332—334 (1956).

LILLIE, R. D.: The pathology of tularemia. Nat. Inst. Hlth. Bull. **167** (1937).

LINKE, A.: Xanthöse Lymphogranulomatose. Dtsch. Arch. klin. Med. **202**, 653 bis 674 (1955).

—, u. W. ULMER: Klinischer Vergleich röntgenbestrahlter und chemisch behandelter Lymphogranulomatosen und Leukämien. Dtsch. Arch. klin. Med. **200**, 264—282 (1953).

LOB, M., E. JÉQUIER-DOGE et A. REYMOND: Un nouveau cas de leucémie plasmacellulaire. Schweiz. med. Wschr. **1947**, 500—504.

LÖFFLER, H.: Zur Differenzierung unreifzelliger (akuter) Leukosen mit cytochemischen Methoden. Vortrag Tagung dtsch. Ges. Hämatol. 1962. Folia haemat. N. F. (Frankfurt) 8, 1—4 (1963).

LÖFFLER, W., D. L. MORONI u. W. FREI: Die Brucellose als Anthropozoonose. Febris undulans. Eine zusammenfassenden Darstellung für Ärzte und Tierärzte. Berlin, Göttingen, Heidelberg: Springer 1955.

LÖFGREN, S.: Das Bilaterale Hiluslymphdrüsensyndrom (BHL) als Anfangsstadium der Sarkoidose. Beitr. Klin. Tuberk. **114**, 75—86 (1955).

LOEW, M.: Über die Prognose der Lymphogranulomatose. Dtsch. Arch. klin. Med. **202**, 700—725 (1956).

LOEW, W., u. K. LENNERT: Ist die klinische Unterscheidung eines Lymphogranuloms und eines Paragranuloms möglich? Dtsch. med. Wschr. **1955**, 404—406.

LUBARSCH, O.: 16. internat. Kongreß f. Medizin. Budapest 1909, 3. Sektion, S. 96; zit. nach STERNBERG 1926.

LUDWIG, J.: Die Lymphgefäßverbindungen zwischen Ductus thoracicus und supraclaviculären Lymphknoten und ihre Bedeutung für die Krebsmetastasierung. Frankfurt. Z. Path. **71**, 436—442 (1961).

— Über Kurzschlußwege der Lymphbahnen und ihre Beziehungen zur lymphogenen Krebsmetastasierung. Path. et Microbiol. (Basel) **25**, 329—334 (1962).

LÜBBERS, P.: Leukämische polyblastische Retotheliose. Virchows Arch. path. Anat. **303**, 21—46 (1939).

LUKES, R. J.: Lymphknotenseminar. IV. Congr. Internat. Acad. of Pathology Zürich 1962.

MANKIN, Z. W.: Klinik, Diagnostik und pathologische Anatomie der Lymphogranulomatose auf Grund des Materials des Onkologischen Instituts. Langenbecks Arch. klin. Chir. **176**, 744—800 (1933).

MARESCH, R.: Über ein plasmazelluläres Lymphogranulom. Verh. dtsch. Ges. Path. **13**, 257—263 (1909).

MARTINI, G. A., u. H. WENDEROTH: Zur Klinik und Pathologie des follikulären Lymphoblastoms (BRILL-SYMMERS). Z. klin. Med. **147**, 235—260 (1950).

MASSHOFF, W.: Eine neuartige Form der mesenterialen Lymphadenitis. Dtsch med. Wschr. **1953**, 532—535.

— Über Reaktionen des lymphatischen Gewebes. Med. Welt **1960**, 1393—1403.

MEESSEN, H.: Zur Pathomorphologie des reticulären Gewebes unter besonderer Berücksichtigung der lipomelanotischen Retikulose. Hautarzt **6**, 1—4 (1955).

MEYER, M.: Zur Klinik und Histologie des tonsillolymphonodalen Primärkomplexes bei Tularämie. Z. Laryng. Rhinol. **32**, 525—534 (1953).

MIALE, J. B.: Laboratory medicine-hematology. 2. edit. St. Louis: The C. V. Mosby Comp. 1962.

MOESCHLIN, S.: Die Genese der Drüsenfieberzellen (Mononucleosis infectiosa) an Hand von Drüsen-, Sternal- und Milzpunktaten. Dtsch. Arch. klin. Med. **187**, 249—268 (1941).

— Die Milzpunktion. Basel: Schwabe 1947.

MOLLARET, P.: Eine neue lymphatische Erkrankung und ein neues Virus: die gutartige Impfreticulosis. Wien. klin. Wschr. **1952**, 497—501.

— J. REILLY, R. BASTIN et P. TOURNIER: Sur une adénopathie régionale subaiguë et spontanément curable avec intradermoréaction et lésions ganglionnaires particulières. Bull. Soc. méd. Hôp. Paris, IV. s. **66**, 424—449 (1950).

— La découverte du virus de la lymphoréticulose bénigne d'inoculation. Presse méd. **59**, 701—704 (1951).

MORGAN, W. S., and B. CASTLEMAN: A clinico-pathologic study of „Mikulicz's disease". Amer. J. Path. **29**, 471—503 (1953).

MOST, A.: Chirurgie der Lymphgefäße und Lymphdrüsen. Neue dtsch. Chirurgie **24**, 1—402 (1917).

MOTTURA, G.: Le reticolosi maligne o neoplastiche. Rivista di Anatomia Patologica e di Oncologia (Basel) **11**, 677—738 (1956).

MÜNDNICH, K.: Die malignen Tumoren des Mesopharynx (Tonsillen, Zungengrund, Rachenwand und Gaumenbogen). Arch. Ohr.-, Nas.- u. Kehlk.-Heilk. **176**, 237—412 (1960).

MUNDT, E.: Das Retothelsarkom und die Retothelsarkomatose. Erg. inn. Med., N. F. **3**, 365—374 (1952).

NADEL, E. M., and L. V. ACKERMAN: Lesions resembling Boeck's sarcoid in lymph nodes draining an area containing a malignant neoplasm. Amer. J. clin. Path. **20**, 952—957 (1950).

NASSAL, J.: Experimentelle Untersuchungen über die Isolierung, Differenzierung und Variabilität der Tuberkulosebakterien. Berlin u. Hamburg: Parey 1961.

NAUMANN, H. H.: Die Lymphknoten-Metastasen beim Krebs der Mundhöhle und der oberen Luftwege. Dtsch. med. Wschr. **1957**, 1263—1269.

NELSON, M. G., and A. R. LYONS: Plasmacytoma of lymph glands. Cancer (Philad.) **10**, 1275—1280 (1957).

NEUMANN, H., u. E. HOMMER: Über Formen reaktiver Lymphdrüsenveränderungen bei Tumormetastasierung. Dtsch. Arch. klin. Med. **197**, 175—180 (1950).

NICKERSON, D. A.: Boeck's Sarcoid. Arch. Path. **24**, 19—29 (1937).

NORDMANN, M., u. W. DOERR: Die pathologische Anatomie der Tularämie mit besonderer Berücksichtigung primärer Lungenbefunde. Virchows Arch. path. Anat. **313**, 66—88 (1945).

NYFELDT, A.: Étiologie de la mononucléose infectieuse. C. R. Soc. Biol. (Paris) **101**, 590—592 (1929).

— Klinische und experimentelle Untersuchungen über die Mononucleosis infectiosa. Folia. haemat. (Lpz.) **47**, 1—144 (1932).

OFFERHAUS, L.: Borderline cases of Hodgkin's disease. Proefschrift. Amsterdam 1957.

OLMER, J., M. MONGIN, R. MURATORE et D. DENIZET: Myélomes, Macroglobulinémies et Dysglobulinémies voisines. Paris: Masson & Cie. 1961.

PATAU, K.: Chromosomal abnormalities in Waldenström's Macroglobulinaemia. Lancet **1961**, 600—601.

PEDERSEN, K. O.: Ultracentrifugal studies on serum and serum fractions. Uppsala: Almqvist och Wicksells 1945; zit. nach WALDENSTRÖM 1948.

PETERS, V.: A study of survivals in Hodgkin's disease treated radiologically. Amer. J. Roentgenol. **63**, 299—311 (1950).

PFEIFFER, R. A., W. KOSENOW u. A. BÄUMER: Chromosomenuntersuchungen an Blutzellen eines Patienten mit Makroglobulinämie Waldenström. Klin. Wschr. **1962**, 342—344.

PIRINGER-KUCHINKA, A.: Eigenartiger mikroskopischer Befund an exzidierten Lymphknoten. Verh. dtsch. Ges. Path. **36**, 352—362 (1953).

— I. MARTIN u. O. THALHAMMER: Über die vorzüglich cervico-nuchale Lymphadenitis mit kleinherdiger Epitheloidzellwucherung. Virchows Arch. path. Anat. **331**, 522—535 (1958).

PLIESS, G.: Zur Kritik des sogenannte eosinophilen Granuloms. Verh. dtsch. Ges. Path. **35**, 261—263 (1952).

— Über kryptogene tumorartige Begleitretikulosen. Zbl. allg. Path. path. Anat. **96**, 571—578 (1957).

RANDERATH, E.: Zur pathologischen Anatomie und zur Frage der Einteilung der Erscheinungsformen der Tularämie des Menschen. Münch. med Wschr. **1943**, 461—464.

— Die mikroskopischen Befunde in den Lymphknoten bei Tularämie mit besonderer Berücksichtigung der Differentialdiagnose zwischen Tularämie und Tuberkulose. Virchows Arch. path. Anat. **312**, 165—189 (1944).

—, u. H. ULBRICHT: Über die sogenannte lipomelanotische Retikulose. Frankfurt. Z. Path. **63**, 60—70 (1952).

RAPPAPORT, H.: Lymphknotenseminar. IV. Congr. Internat. Acad. of Pathology Zürich 1962.

— W. J. WINTER and E. B. HICKS: Follicular lymphoma. A reevaluation of its position in the scheme of malignant lymphoma, based on a survey of 253 cases. Cancer (Philad.) **9**, 792—821 (1956).

REICH, H.: Zur Kenntnis der Tularämie hautnaher (regionaler) Lymphknoten. Arch. Derm. Syph. (Berl.) **192**, 175—188 (1950).

REFVEM, O.: The pathogenesis of Boeck's disease (Sarcoidosis). Acta med. scand. Suppl. **294** (1954).

RICKER, W., and M. CLARK: Sarcoidosis. Amer. J. clin. Path. **19**, 725—749 (1949).

ROBB-SMITH, A. H. T.: The lymph node biopsy. In Recent Advances in Clinical Pathology, p. 350—370. London: J. & A. Churchill 1947.

— The classification and natural history of the lymphadenopathies. In: Treatment of cancer and allied diseases. 2. Edit. Vol. IX: Lymphomas and related diseases, p. 1—27. Harper & Row 1964.

ROESSLE, R.: Das Retothelsarkom der Lymphdrüsen, seine Formen und Verwandtschaften. Beitr. path. Anat. **103**, 385—415 (1939).

ROHR, K.: Das retikulohistiozytäre System und seine Erkrankungen vom klinischen Standpunkt. Verh. dtsch. Ges. Path. **37**, 127—139 (1954).

— Das menschliche Knochenmark, 3. Aufl. Stuttgart: Thieme 1960.

ROSENTHAL, N.: The lymphomas and leukemias. Bull. N. Y. Acad. Med. **30**, 583—600 (1954).

— O. H. DRESKIN, I. L. VURAL and F. G. ZAK: The significance of hematogones in blood, bone marrow and lymph node aspiration in giant follicular lymphoblastoma. Acta haemat. (Basel) **8**, 368—377 (1952).

ROSENTHAL, S. R.: Significance of tissue lymphocytes in the prognosis of lymphogranulomatosis. Arch. Path. **21**, 628—646 (1936).

ROTH, D., and R. SCHULICK: Isolated cervical lymphogranuloma venereum in a child. Pediatrics **8**, 489—493 (1951).

ROTH, F., u. G. PIEKARSKI: Über die Lymphknoten-Toxoplasmose der Erwachsenen. Virchows Arch. path. Anat. **332**, 181—203 (1959).

ROTTER, W., u. W. BÜNGELER: Blut und blutbildende Organe. In: Lehrbuch der speziellen pathologischen Anatomie (KAUFMANN u. STAEMMLER), 11.—12. Aufl., Bd. I/1, S. 414—834. Berlin: W. de Gruyter & Co. 1955.

ROULET, F. C.: Das primäre Retothelsarkom der Lymphknoten. Virchows Arch. path. Anat. **277**, 15—47 (1930).

— Weitere Beiträge zur Kenntnis des Retothelsarkoms der Lymphknoten und anderer Lymphoiden-Organe. Virchows Arch. path. Anat. **286**, 702—732 (1932).

— Die ausgesprochen blastomatösen Retikulosen. Verh. dtsch. Ges. Path. **37**, 105—127 (1954a).

— Beiträge zur Differentialdiagnose retikulärer Zellwucherungen in Lymphknoten. Mod. Probl. Pädiat. **1**, 706—721 (1954b).

— Die infektiösen „spezifischen" Granulome. In: Handb. der allg. Pathologie, Bd. 7/1, S. 325—496. Berlin, Göttingen, Heidelberg: Springer 1956.

RÜTTNER, J. R.: Zur pathologischen Anatomie der Lymphogranulomatose, mit besonderer Berücksichtigung ihrer nosologischen Stellung. Schweiz. Z. Path. **16**, 1—48 (1953).

—, u. A. v. ALBERTINI: Das großfollikuläre Lymphoblastom. Schweiz. Z. Path. **10**, 109—124 (1947).

SAHYOUN, P. F., and S. J. EISENBERG: Hodgkin's disease. A histopathological and clinical classification with radiotherapeutic response. Amer. J. Roentgenol. **61**, 369—379 (1949).

SALTZSTEIN, S. L., J. C. JAUDON, S. A. LUSE and L. V. ACKERMAN: Lymphadenopathy induced by ethotoin (Peganone). Clinical and pathological mimicking of malignant lymphoma. J. Amer. med. Ass. **167**, 1618—1620 (1958).

SANTELMANN, TH., u. H. GIRGENSOHN: Die eosinophile Granulomatose und ihre Beziehungen zur Abt-Letterer-Siweschen und Hand-Schüller-Christianschen Krankheit. Arch. Kinderheilk. **152**, 41—56 (1955).

SARASIN, PH.: Le plasmocytome. Étude de 37 cas de Zurich. Oncologia (Basel) **3**, 90—117 (1950).

SCHILLING, V.: Klinik der Retikuloendotheliosen und Monozytosen. Z. ges. inn. Med. **5**, 506—520 (1950).

SCHLEUSING, H.: Studien zur tuberkulösen Verkäsung. Beitr. path. Anat. **81**, 473—507 (1928/29).

SCHMID, F.: Die generalisierten Tuberkulosen. Stuttgart: Thieme 1951.

SCHMID, P. CH.: Die Tuberkulose der Halslymphknoten bei Kindern. Entstehung, Diagnose, Behandlung. Beih. Arch. Kinderheilk. **42** (1960).

SCHMIDT, M. B.: Die Verbreitungswege der Karzinome und die Beziehung generalisierter Sarkome zu den leukämischen Neubildungen Jena: G. Fischer 1903.

SCHMINCKE, A.: Über lymphoepitheliale Geschwülste. Beitr. path. Anat. **68**, 161 bis 170 (1921).

SCHOEN, R., F. HECKNER u. A. MARSCH: Das vielseitige Erscheinungsbild der lymphatischen Leukämie. Dtsch. med. Wschr. **1953**, 515—518.

SCHUERMANN, H.: Krankheiten der Mundschleimhaut und der Lippen, 2. erweit. Aufl. München: Urban & Schwarzenberg 1958.

—, u. K. HÜTTNER: Tularämie in Deutschland. Klin. Wschr. **1950**, 758.

SCHULTEN, H.: Tularämie. Ergebn. inn. Med. Kinderheilk. **64**, 1160—1216 (1945).

— Tularämie. In: Handbuch d. inn. Medizin, Bd. I, 2, S. 224—242. Berlin, Göttingen, Heidelberg: Springer 1952.

—, u. U. KANZOW: Makroglobulinämie (Waldenströmsche Krankheit). Folia haemat. (Frankfurt) **1**, 49—72 (1956).

SCHUPPENER, H. J.: Zum Melkersson-Rosenthal-Syndrom. Dtsch. Gesund.-Wes. **11**, 1598—1610 (1956).

SCHWAB, W., K. WERNER, K. E. SCHEER, W. EY u. H. KAESS: Erfahrungen bei der Behandlung der häufigsten malignen Geschwülste im Hals-Nasen-Ohren-Bereich. Sammelband zum 75. Geburtstag von Prof. Dr. A. SEIFFERT. Heidelberg 1958.

SCOTT, R. B.: Lipoid storage diseases and non-lipoid histiocytosis. Practitioner **177**, 148—159 (1956).

SEELIGER, H. P. R.: Listeriose. Beiträge zur Hygiene und Epidemiologie 8. Leipzig: Barth 1958.

SEIFERT, E.: Beobachtungen an 2500 tuberkulösen Halslymphomen. Bruns' Beitr. klin. Chir. **166**, 618—628 (1957).

SEIFERT, G., u. G. GEILER: Speicheldrüsen und Rheumatismus. Dtsch. med. Wschr. **1957** a, 1415—1417.

— — Vergleichende Untersuchungen der Kopfspeichel- und Tränendrüsen zur Pathogenese des Sjögren-Syndroms und der Mikulicz-Krankheit. Virchows Arch. path. Anat. **330**, 402—424 (1957b).

SIEDE, W.: Die Mononucleose bei Viruskrankheiten. Klin. Wschr. **1949**, 649—654.

SIIM, J. CHR.: Acquired toxoplasmosis. Report of seven cases with strongly positive serologic reactions. J. Amer. med. Ass. **147**, 1641—1645 (1951).

— Studies on acquired toxoplasmosis II. Report of a case with pathological changes in a lymph node removed at biopsy. Acta path. microbiol. scand. **30**, 104—108 (1952).

— The histological picture in lymph nodes in acquired toxoplasmosis. Schweiz. Z. Path. **16**, 506—508 (1953).

— Toxoplasmosis acquisita lymphonodosa: Clinical and pathological aspects. Ann. N.Y. Acad. Sci. **64**, 185—206 (1956).

SIMROCK, W., H. HÖRNER, A. BORSCHE u. H. G. HAUSSMANN: Beiträge zum Problem der infectiösen Mononucleose. V. Mitt.: Klinische und epidemiologische Untersuchungen. Z. Hyg. Infekt.-Kr. **140**, 492—510 (1954).

SINGER, E. P., N. M. HENSLER and P. F. FLYNN: Sarcoidosis. An analysis of 45 cases in a large military hospital. Amer. J. Med. **26**, 364—375 (1959).

SIWE, ST. A.: Die Reticuloendotheliose — ein neues Krankheitsbild unter den Hepatosplenomegalien. Z. Kinderheilk. **55**, 212—247 (1933).

SLUITER, J. TH. F.: De Histologie Van De Ziekte Van Brill In Haar Verschillende Phasen. Groningen, Djakarta: J. B. Wolters 1956.

SMETANA, H. F., and B. M. COHEN: Mortality in relation to histologic type in Hodgkin's disease. Blood **11**, 211—224 (1956).

SMITH, C. A.: Hodgkin's disease in childhood. A clinical study with a resume of literature to date. J. Pediat. **4**, 12—38 (1934).

SPITALIER, J.-M., et J. COLONNA D'ISTRIA: La chirurgie des métastases ganglionnaires cervicales. Paris: Masson et Cie. 1961.

STAHEL, R.: Über großfollikuläres Lymphoblastom (Brill Symmers disease). Helv. med. Acta **15**, 448—456 (1943).

STANBURY, J. B., D. S. FREDRICKSON and J. B. WYNGAARDEN: The metabolic basis of inherited disease. New York, Toronto u. London: The Blackiston Division McGraw-Hill Book Company 1960.

STEIGER, U.: Beitrag zur pathologischen Histologie der Brucellosen beim Menschen. Schweiz. Z. Path. **18**, 303—317 (1955).

STEIN, F.: Betrachtungen zum Problem der Hyperplasie und der Neoplasie bei den Retikulosen. Virchows Arch. path. Anat. **329**, 732—742 (1957).

STEPHANI, H.: Ungewöhnliche Formen der Lymphogranulomatose. Virchows Arch. path. Anat. **300**, 495–516 (1937).

STERNBERG, C.: Über eine eigenartige unter dem Bilde der Pseudoleukämie verlaufende Tuberkulose des lymphatischen Apparates. Z. Heilk. **19**, 21–91 (1898).

— Die Lymphknoten. In: Handbuch der speziellen path. Anatomie (HENKE-LUBARSCH) I, 1, S. 249–346. Berlin: Springer 1926.

— Lymphogranulomatose und Retikuloendotheliose. Ergebn. allg. spez. Path. **30**, 1–76 (1936).

STODTMEISTER, R., u. ST. SANDKÜHLER: Osteosklerose und Knochenmarkfibrose. Stuttgart: Thieme 1953.

STOUT, A. P., and F. R. KENNEY: Primary plasma cell tumors of the upper air passage and oral cavity. Cancer (N.Y.) **2**, 261–278 (1949).

STRÄULI, P.: Erreichte und erstrebte Ziele der Metastasenforschung. Oncologia (Basel) **15**, 123–128 (1962).

SYMMERS, D.: Follicular lymphadenopathy with splenomegaly; a newly recognized disease of the lymphatic system. Arch. Path. **3**, 816–820 (1927).

— Giant follicular lymphadenopathy with or without splenomegalie. Arch. Path. **26**, 603–647 (1938).

— Lymphoid diseases. Arch. Path. **45**, 73–131 (1948).

SYMMERS, W. ST. C.: Some comments on the pathology of the reticuloses. Brit. J. Radiol. **24**, 469–475 (1951a).

— Localized tuberculoid granulomas associated with carcinoma. Amer. J. Path. **27**, 493–522 (1951b).

— Pathology of primary malignant diseases of the lymphoreticular system. Cancer (Lond.) **2**, 448–483 (1958a).

— Histopathological observations. Some cases of fungal infection seen in Great Britain. In: Fungous diseases and their treatment, p. 25–49. London: Butterworth & Comp. 1958b.

TAILLENS, J. P.: La tuberculose des amygdales et des ganglions du cou. Rappels de pathogénie générale et conclusions statistiques. Pract. oto-rhino-laryng. (Basel) **23**, 1–21 (1961).

— Les ganglions tuberculeux du cou. Étude clinique, anatomique, pathogénique, histo-pathologique, symptomatologique et thérapeutique. Ann. Oto-laryng. (Paris) **79**, 789–800, 923–995 (1962).

TEILUM, G.: Zerebrale und viscerale Xanthomatose mit Diabetes insipidus. Beitr. path. Anat. **106**, 460–481 (1942).

TERPLAN, K., u. M. MITTELBACH: Beiträge zur Lymphogranulomatose und zu anderen eigenartigen, verallgemeinerten Granulomen der Lymphknoten. Virchows Arch. path. Anat. **271**, 759–866 (1929).

THANNHAUSER, S. J.: Lipidoses. Diseases of the intracellular lipid metabolism. 3. edit. New York u. London: Grune & Stratton 1958.

TISCHENDORF, W.: Lymphosarkomatose und Leukämiebegriff. Dtsch. med. Wschr. **1946**, 220–224.

TRAUTMANN, F. O. P.: Tularämie. Ärztl. Wschr. **10**, 964–970, 991–995 (1955).

— Über diagnostische Punktionen verschiedener kranker menschlicher Gewebe unter besonderer Berücksichtigung der diagnostischen Lymphdrüsenpunktion. Teil I, Z. ges. inn. Med. **6**, 330–342 (1951).

—, u. M. TRAUTMANN: Zur Entstehung und Behandlung der Halslymphknotentuberkulose beim Erwachsenen. Z. ges. inn. Med. **8**, 725–736 (1953).

TROISIER, E.: L'adénopathie sus-claviculaire dans les cancers de l'abdomen. Arch. gén. méd. (Paris) **1**, 129–134, 297–301 (1889).

TRÜBESTEIN, H.: Hinweise zur Behandlung des Tonsillen-Sarkoms. Strahlentherapie **92**, 281—296 (1953).

UEHLINGER, E.: Die pathologische Anatomie des Morbus Boeck. Beitr. Klin. Tuberk. **114**, 17—45 (1955).
— Pathologische Anatomie und Klinik des Morbus Boeck (Sarkoidose). Regensburg. Jb. ärztl. Fortbild. **6**, 385—392 (1957/58).
UNDRITZ, E.: Hämatologische Tafeln. Sandoz 1952.
UNGER, L., u. R. SCHMUTZLER: Beitrag zur chronischen epitheloidzelligen Granulomatose unter besonderer Berücksichtigung des Heerfordt- und Mikulicz-Syndroms. Medizinische **1957**, 1283—1288.
USTERI, C., T. WEGMANN u. CHR. HEDINGER: Über atypische Formen der sogenannten Katzenkratzkrankheit, einer benignen Virus-Lymphadenitis. Schweiz. med. Wschr. **1952**, 1287—1290.

VALDES RUIZ, M., J. ESTELLIER LUENGO y J. FORTEZA BOVER: Reticulosis de los ganglios linfáticos. Valencia: Editorial Facta. Libros y revistas de medicina 1960.
VERCAUTEREN, R.: A cytochemical approach to the problem of the significance of blood and tissue eosinophilia. Enzymologia **26**, 340—346 (1953).
VETTE, J. P.: De ziekte van Brill en de folliculaire reticulosen. Proefschrift Amsterdam 1950.
VOEGT, H.: Extramedulläre Plasmocytome. Virchows Arch. path. Anat. **302**, 497 bis 508 (1938).

WALDENSTRÖM, J.: Incipient myelomatosis or „essential" hyperglobulinemia with fibrinogenopenia — A new syndrome? Acta med. scand. (Stockh.) **117**, 216—247 (1944).
— Die Makroglobulinämie. Ergebn. inn. Med. Kinderheilk., N. F. **9**, 586—621 (1958).
WALLGREN, A.: Amer. J. Dis. Child. **60**, 471 (1940); zit. n. SANTELMANN u. GIRGENSOHN.
WALTHER, H. E.: Krebsmetastasen. Basel: Schwabe 1948.
WETHERLEY-MEIN, G., P. SMITH, M. R. GEAKE and H. J. ANDERSON: Follicular lymphoma. Quart. J. Med. **21**, 327—351 (1952).
WILDNER, G. P.: Entwicklung und Stand der Erforschung der Lymphogranulomatose (Hodgkin'sche Krankheit) in Klinik und Experiment (eine kritische Übersicht). Arch. Geschwulstforsch. **13**, 1—39 (1958).
WILLIS, R. A.: Pathology of tumors. 3. edit. London: Butterworth & Comp. 1960.
WISSLER, H.: Die Halsdrüsentuberkulose. Schweiz. Z. Tuberk. **9**, 350—359 (1952).
WRIGHT, C. J. E.: Hodgkin's paragranuloma. Cancer **9**, 773—777 (1956).
WRIGHT, E. I. C.: Macrofollicular lymphoma. Amer. J. Path. **32**, 201—233 (1956).
WÜST, G., u. W. JANSSEN: Einfluß der Therapie auf den Übergang von Lymphogranulomatose in Sarkom. Münch. med. Wschr. **1956**, 1395—1397.
WUKETICH, S.: Zur Kenntnis der epitheloidzelligen Reaktion. Wien. klin. Wschr. **1958**, 127—128.
— Über die epitheloidzelligen, tuberkuloiden Reaktionen in Lymphknoten bei malignen Geschwülsten. Frankfurt. Z. Path. **70**, 187—200 (1959).
WUNDT, W.: Die Bedeutung bakteriologischer und serologischer Methoden für die Diagnostik menschlicher Brucellosen. Dtsch. med. Wschr. **1958**, 1041—1044.
WURM, H.: Allgemeine Pathologie und pathologische Anatomie der Tuberkulose des Menschen. In: Die Tuberkulose (BRÄUNING), Bd. I, S. 135—304. Leipzig: Thieme 1943.

WURM, K.: Die Boecksche Krankheit (Sarkoidose). Ätiologie, Klinik und Therapie. In: WEGNER-WURM, Der M. Besnier-Boeck-Schaumann ... usw., S. 1–74. Stuttgart: Enke 1957.

ZANGE, J.: Beziehungen mesenchymaler Malignome des Rachens zu Systemerkrankungen des Blutes und der blutbildenden Organe. Münch. med. Wschr. **1956,** 745–751.

ZEIDMAN, I.: Experimental studies on the spread of Cancer in the lymphatic system. III. Tumor emboli in thoracic duct. The pathogenesis of Virchow's node. Cancer Res. **15,** 719–721 (1955).

ZELDENRUST, J.: Die Pathologie der Retikulosen. Acta haemat. (Basel) **7,** 161–172 (1952).

ZELLER, F.: Häufigkeit und Lokalisation der peripheren (hautnahen) Lymphknotentuberkulose. Tuberk.-Arzt **13,** 254–260 (1959).

ZETTERGREN, L.: Lymphogranulomatosis benigna. A clinical and histo-pathological study of its relation to tuberculosis. Acta Soc. Med. upsalien. Suppl. **5** (1954).

ZÖBISCH, C. G.: Über die Fütterungstuberkulose im Kindesalter. I u. II. Dtsch. Gesundh.-Wes. **3,** 13–15 (1948); **4,** 498–500 (1949).

ZÖLLNER, N.: Angeborene Stoffwechselstörungen. Eine Übersicht über ihre Theorie, Biochemie und Klinik. Dtsch. med. Wschr. **1958,** 609–612, 688–695.

ZOLLINGER, H. U.: Die pathologische Anatomie der Makroglobulinämie Waldenström. Helv. med. Acta **25,** 153–183 (1958).

Sachverzeichnis